U0801482

民用核安全设备质量保证解析

生态环境部核与辐射安全中心　编著

中国原子能出版社
China Atomic Energy Press

图书在版编目（CIP）数据

民用核安全设备质量保证解析 / 生态环境部核与辐射安全中心编著. --北京：中国原子能出版社，2022.12

ISBN 978-7-5221-2611-1

Ⅰ. ①民… Ⅱ. ①生… Ⅲ. ①核电厂–机械设备–安全设备–安全管理 Ⅳ. ①TM623.4

中国版本图书馆 CIP 数据核字（2022）第 249517 号

民用核安全设备质量保证解析

出版发行	中国原子能出版社（北京市海淀区阜成路 43 号 100048）
责任编辑	徐 明
封面设计	北京华联印刷有限公司
责任校对	冯莲凤
责任印制	赵 明
印 刷	北京九州迅驰传媒文化有限公司
经 销	全国新华书店
开 本	787 mm×1092 mm 1/32
印 张	6.125
字 数	150 千字
版 次	2022 年 12 月第 1 版 2022 年 12 月第 1 次印刷
书 号	ISBN 978-7-5221-2611-1 定 价 **88.00 元**

发行电话：**010-68452845**

《民用核安全设备质量保证解析》编写人员

主　　编　吕艳新

副 主 编　石　红

编写人员　黄炳臣　沈　伟　姜述杰

胡安中　熊冬庆　卫　东

陈一伟　张强升　李海涛

郑睿鹏　李靖威　张发云

前　言

《核电厂质量保证安全规定》（HAF003）自 1991 年实施至今，核电质量保证工作日益得到核电从业人员的重视和认可。随着我国核电技术的迅速发展，民用核安全设备活动单位（即从事民用核安全设备设计、制造、安装和无损检验活动的单位）依据核安全法律法规、HAF003 及其导则的要求，建立核质量保证体系，开展相应的质量保证工作。

我国核电行业经历了早期发展、快速发展和走向世界三个阶段，核电事业已取得一定成效，核安全法规和导则的理论和实践也得到了一定程度的发展。民用核安全设备活动单位作为核电厂供应链的一环，结合企业自身实际，将核安全法规和导则的要求转化为企业自身质量保证大纲，并将核电项目特定的质量保证要求融合到质量保证大纲中，形成项目质量保证大纲，在项目执行过程中严格予以实施。

民用核安全设备活动单位质量保证大纲的建立、运行、提升和改进，与企业所有涉核员工息息相关。在民用核安全设备审评过程中，我们发现部分民用核安全设备活动单位对于法规和导则理解的深度和广度不足、质量保证工作常常只有质量保证部门在做工作，他们也希望从思想上、意识上提高企业员工的核质量保证意识和修养，加强质量保证工作，确保设备质量和核安全。本书编写基于多年审评经验和民用核安全设备活动单位的实际需要，希望为民用核安全设备活动单位质量保证体系的建立、运行、提升和改进提供参考。

全书由生态环境部核与辐射安全中心核安全设备监管技术部吕艳新主编，石红校核，黄炳臣审定。

其中第一章由姜述杰、沈伟编写；第二章由郑睿鹏、张发云、吕艳新编写；第三章由熊冬庆、陈一伟编写；第四章由卫东、张发云编写；第五章由陈一伟、石红编写；第六章由李海涛、胡安中编写；第七章由张强升、吕艳新编写；第八章由吕艳新、沈伟编写；第九章由姜述杰、卫东编写；第十章由李靖威、黄炳臣、吕艳新编写；第十一章由吕艳新、黄炳臣编写。全书由吕艳新统稿。

本书在编制过程中得到生态环境部核与辐射安全中心邓冬、李世欣、黄伟杰、张宓等同志的大力支持和帮助，特此表示感谢。本书编写过程中，参考和应用了一些法规标准和文献资料，特向文献编写人员表示衷心的感谢！由于编者能力和水平有限，书中难免有不足之处，恳请读者批评指正。

本书编写组

2022 年 10 月

目　录

第一章　质量保证起源与发展

质量保证（Quality Assurance）是指为使人们确信产品或服务能满足质量要求而在质量管理体系中实施并根据需要进行证实的全部有计划和有系统的活动。因此，质量保证是质量管理的一部分，它致力于提供质量要求会得到满足的信任。质量保证一般适用于有合同的场合，其主要目的是使用户确信产品或服务能满足规定的质量要求。但质量保证的内容绝不是单纯的保证质量，保证质量是质量控制的任务，质量保证是以保证质量为其基础，进一步引申到提供“信任”这一基本目的。

1.1　质量保证起源

1.1.1　原始质量管理

自古以来人类就一直面临着各种质量问题，如：在古代，食物采集者需要判别哪些果类有毒，哪些可以食用；猎人需要挑选适合制造弓箭的树木等。由此，人们在实践中获得的各种质量知识一代代流传下来。

随着人类社会的发展，从最原始的家庭到村庄、部落，逐渐产生了社会分工，出现了集市，商品交换也应运而生。最初的商品交换是产品制造者直接面对顾客，产品的质量由人的感官来确定，直到商业的出现，买卖双方不再直接接触，而由商人来完成交易和互换。这样，原本在集市上确认质量的方法就行不通了，从而产生了质量担保。伴随着商业的发展，为了促进相隔万里的厂商与经销商间更有效地沟通，新的发明—质量规范（即产品规格）出现了，紧接着，简易的质量检验方法和检测手段也相继产生，这就是原始质量管理，由于这一时期的质量主要依靠手工操作者本人依据自己的手艺和经验来把关，因而又被称为“操作者的质量管理”。

直到 18 世纪中叶，欧洲工业革命爆发，手工作坊解体，工厂体制形成，人们在欣喜地享用批量化生产成果的同时，也发现由此带来部件的标准化、互换性、测量精度等诸多技术问题，而上述问题的提出和解决也推动了质量管理科学的诞生。

1.1.2　质量管理的三个阶段

20 世纪，人类跨入了以“加工机械化、经营规模化、资本垄断化”为特征的工业化时代。在过去的整整一个世纪中，质量管理的发展，大致经历了三个阶段：

1.1.2.1　质量检验阶段

20 世纪初，人们对质量管理的理解仅局限于质量检验，即借助各种检测设备和仪表对产品进行百分之百的检验，以期通过使用前的严格把关来确保产品质量。在此期间，美国出现了以泰勒（F.W.Taylor）为代表的“科学管理运动”，这是近现代质量管理的开端。“科学管理”提出了对人员进行科学分工的要求，将计划职能与执行职能分开，以科学工作方法取代经验工作方法，即找出标准，制定标准，然后按标准办事；同时，增加检验环节以便监督、检查对计划设计、产品标准等的贯彻执行情况。也就是说，计划设计、生产操作、检查监督等各环节均做到各有专人负责，从而形成一支专职检查队伍、一个专职检查部门，这样，质量检验机构也就被独立出来了。

质量检验阶段也经历了三个时期：传统质量检验、工长质量检验和专职质量检验。传统质量检验主要由工人（操作者）自检；渐渐人们开始更加强调工长在保证质量方面的作用，并将质量检验的责任由操作者转移到工长，故被称为“工长质量检验”；后来，这一职能又由工长转移到专职检验人员，由专职检验部门实施质量检验，因此这一时期被称为“专职质量检验时期”。

这一时期秉承的理念是：检验才是硬道理，质量是检验出来的。但渐渐地人们发现质量检验是在成品中挑出废品以保证出厂产品的质量，这种事后把关是无法在生产过程中起到预防、控制作用的。同时，这种百分之百的检验，不仅增加了检验费用，而且废品已成事实，很难补救。随着生产规模的进一步扩大，其弊端日益凸显。一些著名统计学家和质量管理专家注意到这一问题，为了使质量检验既经济又准确，他们尝试运用数理统计学原理来解决。1924 年，美国的休哈特创造了“控制图”，提出“预防缺陷”的概念，把数理统计方法引入到质量管理中，将质量管理推进新阶段。

1.1.2.2 统计质量管理阶段

统计质量管理产生于 20 世纪 20 年代，这一阶段的特征是数理统计方法与质量管理的结合。特点是利用数理统计原理对生产过程中影响质量的各种因素进行质量控制，从而预防不合格品的大量产生。

第一次世界大战后期，为了在短时间内解决美国 300 万参战士兵的军装问题，休哈特建议将军装按正态分布划分成十种规格的不同尺寸加工不同数量，以期通过批量化生产提高生产效率，美国国防部采纳了他的建议，最后制成的军装也基本符合士兵体裁的要求。此后他又将数理统计的原理运用到质量管理中，发明了控制图。休哈特认为质量管理不应仅仅是事后检验，而是应在发现有废品先兆时就进行分析改进，从而预防和降低废品的产生。控制图就是运用数理统计原理进行预防的工具。因此，控制图的出现，标志着质量管理从单纯的事后检验转入到检验加预防相结合，也标志着质量管理形成一门独立学科的开始。

在休哈特创造控制图以后，他的同事道奇在1929年发表了《抽样检查方法》。他们都是最早将数理统计方法引入质量管理的，为质量管理科学做出了贡献。然而，休哈特等人的创见，除了他们所在的贝尔系统以外，只有少数美国企业采用。特别是由于资本主义工业生产受到20年代开始的经济危机的严重影响，先进的质量管理理念和方法没有能够广泛推广。第二次世界大战开始以后，统计质量管理才得到了广泛应用。正是由于战争的需要，美国军工生产急剧发展，尽管大量增加检验人员，产品积压待检的情况仍日趋严重，有时又不得不进行无科学根据的检查，结果不仅废品损失惊人，而且在战场上经常发生武器弹药的质量事故，比如炮弹炸膛事件等，对士气产生极坏的影响。在这种情况下，美国军政部门随即组织一批专家和工程技术人员，于1941—1942年间先后制订并公布了Z1.1《质量管理指南》、Z1.2《数据分析用控制图》、Z1.3《生产过程中质量管理控制图法》，强制生产武器弹药的厂商推行，并收到了显著效果。因此，统计质量管理的方法才得到更多厂商的应用，统计质量管理的效果也得到了广泛的认可。

第二次世界大战结束后，美国许多企业扩大了生产规模，除原来生产军火的工厂继续推行质量管理方法以外，许多民用工业也纷纷采用这一方法，美国以外的许多国家，如加拿大、法国、德国、意大利、墨西哥、日本也都陆续推行了统计质量管理，并取得了成效。但是，统计质量管理也存在缺陷，它过分强调质量控制的统计方法，使人们误认为“质量管理就是统计方法”“质量管理是统计专家的事”，使多数人感到高不可攀、望而生畏。同时，它对质量的控制和管理只局限于制造和检验部门，忽视了其他部门的工作对质量的影响。这样，就不能充分发挥各个部门和广大员工的积极性，制约了它的推广和运用。这些问题的解决，又把质量管理推进到一个新的阶段。

1.1.2.3 全面质量管理阶段

20 世纪 50 年代以来，生产力迅速发展，科学技术日新月异，出现了很多新情况，主要有以下几个方面。

现代科学技术和工业生产的发展，对质量要求越来越高。20 世纪 50 年代以来，火箭、宇宙飞船、人造卫星等大型、精密、复杂的产品出现，对产品的安全性、可靠性、经济性等要求越来越高，质量问题就更为突出，影响质量的因素也不再是几个、几十，可能有成百上千个。这就要求人们运用“系统工程”的概念，把质量问题作为一个有机整体加以综合分析研究，实施全员、全过程、全企业的管理。

20 世纪 60 年代在管理理论上出现了“行为科学论”，主张改善人际关系，调动人的积极性，突出“重视人的因素”，注意人在管理中的作用。

由于市场竞争，尤其国际市场的竞争加剧，各国企业都很重视“产品责任”和“质量保证”问题。加强内部质量管理，确保产品的安全性和可靠性成为企业关注的焦点。

由于上述情况的出现，仅仅依靠事后检验把关和运用统计方法已难以适应工业发展对质量的需要，促使“全面质量管理”的理论逐步形成。最早提出全面质量管理概念的是美国通用电气公司质量经理费根堡姆。1961 年，他发表了一本著作《全面质量管理》。该书强调执行质量职能是公司全体人员的责任，他提出："全面质量管理是为了能够在最经济的水平上并考虑到充分满足用户要求的条件下进行市场研究、设计、生产和服务，把企业各部门的研制质量、维持质量和提高质量活动构成为一体的有效体系"。

20 世纪 60 年代以来，费根堡姆的全面质量管理概念逐步被世界各国所接受，在运用时各有所长，在日本叫全公司的质量管理（CWQC）。我国自 1978 年推行全面质量管理（TQC）以来，在实践上、理论上都有所发展，也有待于进一步探索、总结、提高。

1.1.3 质量保证的出现

20 世纪 60 年代中期，美国国防部在联邦法规 32CFRIV《采购质量保证》中规定采购合同中应包括检查、试验或其他的质量要求，也规定了承包商执行合同时在质量方面的义务。美国军工部门和航天管理局也先后颁发了 MIL-Std-1098《质量保证术语和定义》、MIL-Q-9858A《质量保证大纲要求》、MIL-I-45208A《检查制度要求》和 NPC-200-2《空间设备承包商质量保证规定》等质量保证相关文件。

1969 年，美国原子能委员会根据 ASME《锅炉和压力容器规范》中的质保条款、核电需求和核工业经验，在联邦法规 10CFR50 中制定了附录 B《核电厂和核燃料后处理厂质量保证准则》，并于 1970 年 7 月生效。美国 10CFR50 附录 B 规定了民用核设施质量保证应遵循的基本原则和要求，是民用核设施第一个国家级行政法规。该附录包括 18 条准则，分别为：组织；质量保证大纲；设计控制；采购文件控制；细则、程序和图纸；文件控制；所购设备和服务的控制；材料、零件和部件的标识和控制；特殊工艺过程控制；检查；试验控制；测量和试验设备控制；装卸、贮存和运输；检查、试验和运行状态；不符合项的材料、零件和部件；纠正措施；质量保证记录；监查。美国 10CFR50 附录 B 自实施以来，并未进行过实质性的修改，即相关条款无删减、所规定的要求与内容也没有根本改变。

1.2　核质量保证发展简介

20 世纪 70 年代，核能和平利用在一些先进工业国家得到快速发展，国际原子能机构（IAEA）在履行其职责的过程中越来越认识到核安全的重要性，为此 IAEA 制定了 NUSS（核安全标准）计划，向成员国提供与核反应堆安全方面有关的指南，核安全质量保证标准是 NUSS 计划的一部分。1978 年，IAEA 根据美国的实践和经验，参照 10CFR50 附录 B 的内容和结构，首次发布了 50-C-QA（“Quality Assurance for Safety in Nuclear Power Plants”）及其实施导则（50-SG-QA），不少成员国在该法规的影响下，制定了适用于本国民用核工业的质量保证要求，并在其核能发展过程中得到了广泛的应用。

1988 年 IAEA 发布了修订版 50-C-QA（Rev.1），对 50-C-QA 中的部分条款作了一些变更，但结构没有发生变化。为了便于指导法规的使用者遵循并满足法规中的具体原则和要求，IAEA 又陆续发布了 10 项安全导则。

1996 年，IAEA 根据核质量保证领域的实践经验，对 50-C-QA（Rev.1）法规及系列导则作了较大调整，发布了 50-C/SG-Q（96）系列法规和导则。与 50-C-QA（Rev.1）及其导则相比较，50-C/SG-Q（96）的结构和内容作了相当大的变动，主要变化体现在结构和内容等方面。

50-C/SG-Q（96）结构上分 4 章，即引言、管理、执行、评定，它对质量保证工作的管理、执行和评定三大职能提出 10 个基本要求：（1）质量保证大纲；（2）资格考核；（3）不符合项控制和纠正措施；（4）文件控制和记录；（5）工作；（6）设计；（7）采购；（8）针对验收的检查和试验；（9）管理者自我评定；（10）独立评定。法规附录给出了这 10 个基本要求的补充规定。

50-C/SG-Q（96）内容上保留了“早先版本的所有要求”，也就是涵盖了 50-C-QA（Rev.1）的全部要求。另外在具体内容方面重点突出高层管理者的职责；强调全员参与和以绩效为基础（performance-based）；进一步突出“PDCA”的理念；强调了管理者自我评定和独立评定；细化了质保分级要求。

2006 年，IAEA 完成了对 1996 年颁发的 50-C/SG-Q（96）法规导则的修订。此次修订的主要原因包括：管理体系研究及实践方面的发展；IAEA 与发达国家核工业界的合作以及经验交流成果；国际核能工业界所面临的挑战；与 ISO 9001：2000 标准方面的协调；针对管理有效性和管理效率方面的经验反馈。

根据新的安全标准系列框架结构，50-C/SG-Q（96）修订后形成 1 个安全要求 GS-R-3《管理体系》和若干个安全导则，包括 GS-G-3.1《管理体系的实施》、GS-G-3.2《辐射安全领域技术支持的管理体系》、GS-G-3.3 《放射性废物处理、转运和贮存的管理体系》、GS-G-3.4《放射性废物处置的管理体系》和 GS-G-3.5《核设施的管理体系》。

GS-R-3 在具体条文的格式与内容安排方面，与 50-C/SG-Q（96）相比，做了较大的调整，法规的名称改为“Management System”，以反映安全、质量、环境、健康、安保、经济等多方面一体化管理的新理念，用“管理体系”这个术语取代了传统的“质量保证”概念，反映了“质量控制→质量保证→质量管理→管理体系”这样一种管理理论与实践的深入和演化，更加突出了通过周密、系统的管理要求的建立和实施，来实现核设施（核活动）安全管理目标的这样一种过程；同时在管理体系要求中提出了安全文化的要求，要求组织在内部各个层面上推广和加强良好的安全文化；法规的条文内容进一步加强了与ISO质量标准的相容性，并突出了针对核设施（核活动）特定的安全管理要求。

2016年，IAEA完成了GS-R-3的修订，正式颁发GSR Part 2 “Leadership and Management for Safety”，与Safety Fundamental第三条原则相对应。

IAEA基本安全原则第三条“安全的领导和管理”明确提出以下内容。

（1）对安全事务的领导必须由组织的最高层级亲力亲为。

（2）必须通过有效的管理体系来达到并维持安全，管理体系必须综合安全、质量、环境、健康、安保、经济、组织因素和人因、社会责任等。

（3）管理体系必须促进安全文化，必须包括安全绩效的定期评价和经验反馈。

（4）安全文化必须有效融入组织的管理体系（承诺、问责、质疑、学习）。

（5）管理体系必须充分认识人员、技术与组织之间的相互关系和作用，充分考虑人因问题以防止组织和人员失效。

（6）必须采用分级的方法对设施和活动开展安全评价，安全评价必须获得监管机构认可，评价必须考虑新标准和科学技术的发展、运行经验反馈、各项改造和累积的老化效应。

（7）必须对事故/事件的先兆加以确定和分析，必须采取措施防止事故发生/重复发生，必须落实经验反馈系统。

本次修订将法规名称从《管理体系》改为《安全的领导和管

理》，主要的修订内容包括：

（1）强调安全责任、安全领导、安全管理、综合管理体系，以及系统化方法（考虑技术因素、组织因素、人员因素之间的相互作用）。

（2）强化各级管理者的安全责任，尤其是最高管理者在实现安全方面的责任和作用。

（3）给出了安全领导的概念、定义、内涵和相关的具体要求。

（4）规定必须实施适当的安全措施，促进强有力的安全文化。

（5）将组织的安全政策、目标、战略、计划和宗旨提高到一个新的高度，组织管理要素整合更加全面。

（6）提出了 14 项基本安全要求，其中第 5 项（与利益相关方的相互配合）、第 11 项（供应链的战略管理）、第 12 项（促进安全文化）体现了当前安全领域需要特别加以关注的热点问题。

质量保证是“有效管理的一个实质性的方面”，它系统地提出民用核设施开展安全、质量管理的原则、方法和基本要求。自 IAEA 于 1978 年首次颁发核质保法规 50-C-QA “Quality Assurance for Safety in Nuclear Power Plants”，到 2016 年最近一次修订颁发 GSR Part 2 “Leadership and Management for Safety”，基本上每隔 10 年完成一次系统的修订，其目的是确保涉核领域的国际安全标准更加客观、准确地反映各成员国的良好实践和成熟经验，进一步提高 IAEA 安全标准的重要性和应用水平。IAEA 核质保法规的形成和修订，也充分体现了核设施安全管理理念和方法的发展和进步。

1.3　我国核质量保证发展简介

随着中国民用核工业产品与技术的推广与应用，1984 国务院决定成立国家核安全局（NNSA），负责我国民用核设施安全的独立监管，同时负责组织制定和颁发有关核设施安全、辐射防护和放射性废物管理的政策、法规、标准和技术文件并监督其执行。1986 年起国家核安全局陆续颁发了有关核设施安全的法规和导则，初步形成较为系统的我国民用核设施安全法规体系。

我国是较早学习、消化，并引进、实施 IAEA 核质量保证法规的成员国之一。1986 年 7 月，经国务院批准，国家核安全局颁发了 HAF0400《核电厂质量保证安全规定》，等效采用了 IAEA 1978 年发布的 50-C-QA，该部门规章规定了为确保民用核设施安全而建立和实施质量保证大纲所必须满足的基本要求，并成为监管机构在质量保证方面进行核安全审评、监督的重要法规性文件。

1988 年 IAEA 发布了修订版 50-C-QA（Rev.1），对 50-C-QA 中的部分条款作了一些变更，但结构没有发生变化。为了便于指导法规的使用者遵循并满足法规中的具体原则和要求，IAEA 陆续发布了 10 项 Safety Guides，国家核安全局也据此颁发了相应的 10 项安全导则。1991 年 7 月国家核安全局对原 HAF0400（86）进行了相应的修订，基本参照 IAEA 1988 版的 50-C-QA（Rev.1）颁发了 HAF0400（91）。1998 年，国家核安全局对核安全法规和导则进行了重新编排，以 HAF003 取代了该法规的原编号 HAF0400，并一直沿用至今。

通过核质保法规 HAF003 及其系列导则的颁发和实施，我国在核能事业发展的早期就开始了核质量保证的引进、消化和实施。伴随我国核工业和核安全监管的成长和成熟，质量保证的理论、方法和实践得到了长足的发展并不断取得经验和成果。核电厂的质量保证活动，不仅深入人心，更是成为核电厂安全纵深防御的一道重要屏障，为我国核电事业安全、健康、快速发展，创造优良的核电建设和运行业绩提供了有力的保障。

2020 年 12 月 31 日，国家核安全局发布了《核动力厂管理体系安全规定》，《规定》紧密围绕贯彻落实核安全法的相关要求，总结吸纳我国核动力厂管理体系建设良好实践，充分借鉴国际原子能机构的最新安全标准，满足核行业发展和核安全监管需要。

1.4 本章小结

本章以质量保证概念开篇，从原始质量管理到全面质量管理的三个阶段入手，着重介绍了 IAEA 质量保证的演变，以及我国核质量保证的发展历程。纵观整个质量保证发展史，不难看出质量保证是工业、技术、管理科学进步并相互结合的成果。质量保证标准始于军用产品，质量保证要求在民用、军工、核工业等行业得到推行和发展，其中核质量保证要求在核工业得到快速发展。质量保证作为一门管理科学，伴随着现代管理科学的理论和实践，更是为各产业的安全、健康、快速发展保驾护航。

第二章　质量保证大纲文件及格式要求

质量是一种固有特性满足要求的程度，为保证质量而规定的和要完成的全部工作综合在一起构成质量保证大纲（以下简称“大纲”）。核安全设备活动质量保证体系是指为向国家核安全局或核设施营运单位证明核安全设备活动质量可以或已经达到核安全质保法规文件的基本要求，民用核安全设备活动单位所进行的一系列有计划的、系统的活动的总合。我国法律法规对核质量保证大纲的建立有明确要求，随着核电事业的发展，核质量保证要求趋于完善，质量保证大纲的内容、格式和要求也逐渐完善。

2.1　法规要求与解析

《中华人民共和国核安全法》（国家主席令第七十三号，以下简称核安全法）、《民用核安全设备监督管理条例》（国务院令第 500 号，以下简称条例）和《民用核安全设备设计制造安装和无损检验监督管理规定》（HAF601）均明确要求民用核安全设备活动单位建立核质量保证大纲（以下简称大纲），对于不按照要求建立大纲的民用核安全设备活动单位，应承担相应的法律责任。

HAF601 第一章第五条、第二章第八条第五款、第三章、第四章对核质量保证大纲的建立和实施提出了更加细化的规定，这里不再一一详述。民用核安全设备活动单位在实际操作中，必须将大纲形成文件。

2.2 大纲文件构成

大纲文件可以采取不同的形式，但必须包括两种基本类型：一类是管理性的指导方针和程序，另一类是技术性文件。广义来说，管理性的文件是指与质量有关活动的方针、组织机构和管理；而技术性文件是指用于设计、制造、安装、无损检验等活动的工作计划和进度、工作细则、程序和图纸等。

大纲文件一般分为三个层次，第一层次文件是质量保证大纲概述；第二层次文件是质量保证大纲程序；第三层次文件是作业（工作）程序、细则、图纸等实施质量活动的依据文件。第一层次和第二层次的大纲和程序文件多为管理性文件，第三层次文件多为技术性文件。大纲作为对质量保证工作的总体规划、总体描述的纲领性文件，为了便于实施，必须对大纲中各个方面的质量保证措施分别用质量保证大纲程序加以具体描述。在质量保证大纲程序中，对相应的控制要素要写明具体如何操作，在程序后面应附有实施中所用记录和报告的格式，确保大纲要素执行过程中具有可操作性。实际操作中有时会将记录用表格附在第二层次和第三层次文件之后，有时也会将第二层次和第三层次所涉及的表格单独摘出来，形成第四层次文件，两种方式都是可行的。

2.3 大纲文件管理

民用核安全设备活动单位必须按照要求对大纲文件进行受控管理，可以采取适当的措施，例如：专用印章、文件颜色或人员签字等，明显地标识已批准的文件版本。

大纲文件应按照要求进行编审批、发放和分发、回收等，现场使用的大纲文件都应该是经过编审批的现行有效版本。民用核安全设备活动单位应建立档案室，对大纲文件进行储存；档案室应建立文件管理台账，便于文件检索。

2.4　大纲文件语言

语言是人类沟通交流的最基本方式，大纲语言是大纲制度和信息的载体，是大纲文件的文字化形式，因此，大纲文件的文字必须用语明确、简练通顺。若大纲文件采用其他语言，大纲持有单位必须采取措施（如翻译、培训等），确保直接从事影响质量工作的人员对写成文件的语言具有足够了解，以便能清楚地理解文件的意图。如有必要，必须提供经批准（审定）的译本。

2.5　大纲格式与章节安排

《核电厂质量保证安全规定》（HAF003）规定了质量保证要求对应的 13 个要素，并未对大纲文件格式进行详细规定；《核电厂质量保证大纲的格式和内容》（核电函［2020］31 号文）在细化 HAF003 中 13 个要素具体内容的基础上，结合国内外质量保证要求和中国核电实际，增加了第 14 节“防造假机制/制度”。

2.5.1　封面设计

大纲封面应包含如下内容：

（1）大纲名称：如×××（单位名称）民用核安全设备设计和制造质量保证大纲。

（2）文件编号：按照民用核安全设备活动单位编码规则编制的文件号。

（3）版本号：如果各章修订版号不同，则使用修订版次最多一章的版本号。

（4）编、审、批人员签字及日期。且大纲应附除质量保证部门外其他相关部门的会签。若组织机构部门较多，会签也可设置专门的页面。

（5）发放号：设置发放号，发放给相关单位或部门。

（6）受控标识：加盖受控章，或标识是、否受控，或有一定的受控编号。

2.5.2 大纲页眉标识

除封面外，大纲一般可设置页眉，每页页眉可包含以下内容标识：

（1）单位名称。

（2）大纲名称、章次的名称或本章主题的名称。

（3）版本号、页码（本章中的页数或全文的页数均可）。

以上必不可少的标识应为大纲名称和版本号。

2.5.3 修订页设计

修订页应给出大纲修订的历程，具体包含如下内容：版本号、章（节）、页码、修改内容及依据（应明确列出修改依据及内容）、修订时间等。

2.5.4 目录设计

目录中应按照大纲的一般格式和章节顺次列出从“政策与授权声明”开始至附录的名称，可选择性列出各章节下的节的名称。

目录中包含章（节）次、章（节）名称、各章的版本号（有时仅修改其中某章的内容，因此各章的版本号不一定相同）和该章版本批准日期。

2.5.5　政策与授权声明

大纲“政策与授权声明”由大纲批准人撰写并签发。若大纲批准人不是申请单位法定代表人，需要补充法定代表人对大纲批准人的授权声明。

《核电厂质量保证大纲的格式和内容》（核电函［2020］31 号文）对“政策与授权声明”应包含的内容和要求进行了详细阐述，民用核安全设备活动单位应结合自身实际，丰富“政策与授权声明”的相关条款，并确保相关内容与大纲正文和程序描述的一致性。

2.5.6　名词或缩略语解释

只需列出大纲中使用的而有关法规中没有的专用名词术语或缩略语的定义即可。

2.5.7　大纲概述

依照 HAF003 相关要求，大纲概述需描述以下 13 章的内容：

（1）引言。

本章主要是引领性描述，包括：质量保证必要性、质量责任的归属、大纲的适用范围和核电活动相关单位对大纲的责任。

（2）质量保证大纲。

本章主要描述核质量保证大纲文件的基本要求，包括：大纲的总体要求和规划；程序、细则及图纸的总体规划和要求；管理部门审查的基本要求及措施。

（3）组织。

本章主要描述组织机构的建立、职责、权限、接口和人员配置，包括：建立组织机构并明确规定其职责、权限及内外部接口；主要组织（如：大纲批准人、质量保证部门、验证组织、主要组织机构等）的职责权限；各部门间的内外部接口和协调；人员配备与培训等。

（4）文件控制。

本章主要描述文件的类型、文件过程控制等，包括：文件类型的区分和描述（内外部文件、纸质和电子文件等）、文件编审批、发布分发回收、变更等控制措施。

（5）设计控制。

本章主要描述从设计输入到设计输出全过程的设计控制，包括：设计输入、设计分析、设计输出、设计验证、设计变更、设计接口等控制措施。

（6）采购控制。

本章主要描述采购控制的要素，包括：采购活动（如：采购计划、采购文件、合同评标、采购中 NCR 处理等）、供方评审与选择、对所购物项或服务的控制（如：买方验证、物项或服务的验收）等。

（7）物项控制。

本章主要描述物项（零部件、成品、半成品等）的控制，包括：材料、零部件的标识（如：物项台账、记录、标识要求等）；物项装卸、贮存和运输（如：通用要求、专用设施、场地管理等）；安全重要物项的维护等。

（8）工艺过程控制。

本章主要描述不同工艺的控制，包括：影响质量的工艺、特殊工艺（如：焊接、热处理、无损检验等）、超出现有标准规范的工艺等在装备、人员、工艺评定、工艺指导书方面的控制措施。

（9）检查和试验控制。

本章主要描述检查、试验、计量方面的控制，包括：检查（如：人机料法环等）、试验（如：试验大纲、试验程序、试验结果等）、测量和试验设备的检定/校准（如：计量要求、计量器具的台账、检定/校准记录等）、检验试验状态（如：人员资质、状态标识等）等控制措施。

（10）不符合项控制。

本章主要描述不符合项的处理、分类和上报要求，包括：不符合项的发现、标识、隔离、处理（如：不加改进地接收、修理、报废、返工等）、关闭、分类、上报、验证、经验反馈等。

（11）纠正措施。

本章主要描述纠正措施的控制，包括：一般有损于质量的情况和严重有损于质量的情况下纠正措施的原因分析、纠正措施、跟踪验证、质量趋势等。

（12）记录。

本章主要描述记录的编写、收集、贮存和保管要求，包括：记录编写（如：记录真实性、完整性、有效性等）、收集、贮存和保管（如：归档要求、档案室管理规定等）、记录的验证和评价等控制措施。

（13）监查。

本章主要描述监查的控制要求，包括：开展监查的必要性、监查人员资质、监查计划的制定、监查实施、监查报告、监查后跟踪验证等控制措施。

大纲格式与章节安排基本上可参照 HAF003、核电函［2020］31 号文的格式与章节安排，并增加：文件编、审、批签字栏，附大纲程序目录等。大纲不一定采用与 HAF003 相同标题的十三章，但是必须涵盖 HAF003 规定的所有内容。

大纲概述的一般格式与章节可顺次为：封面；修订页；目录；政策与授权声明；引言；质量保证大纲；组织；文件控制；设计控制；采购控制；物项控制；工艺过程控制；检查和试验控制；对不符合项的控制；纠正措施；记录；监查；名词或缩略语解释；附录之组织机构图；附录之大纲程序清单。其中，名词或缩略语解释尤其应列举出企业内部约定俗成的内容，可根据企业实际自行选择，如不需要可不设。

大纲概述正文所述章节应根据申请单位实际情况进行描述，不能仅仅照搬 HAF003 中的原则规定，应该结合民用核安全设备活动单位实际情况，分别描述“什么时候做”“做什么”“在哪里做”“谁负责”和“如何做”，大纲全文前后描述不应有矛盾之处。

若大纲概述正文某些章节描述简单，那么章节中应该引出相应的大纲程序，并在大纲程序中对相关内容予以规定，不能漏掉或省掉。反之，如果大纲概述某些章节描述很详细，可以省掉部分程序文件。作为纲领性文件，大部分单位在大纲概述章节后会引出对应的程序文件，并列出涉及的文件格式和内容。

2.5.8　大纲程序

HAD003/01《核电厂质量保证大纲的制定》中规定了大纲程序的格式和内容，具体包含 8 个方面的内容，分别为：目的、范围、定义、引用资料、责任、行动、文件、记录。

为了加强程序的适用性，民用核安全设备活动单位在编制大纲程序时，除了包含以上 8 个方面的信息，编制人员还应关注如下 5 个方面：

（1）大纲程序细节的详细程度是否充分考虑了完成该工作人员的经验和水平，是否与使用者所要求的专业技术水平相适应？

（2）大纲程序能否向相应的合格人员提供行使其职能所必需的资料（信息），是否根据情况附有典型报告、表格、标记和印章？

（3）大纲程序虽然不包括技术数据，但是否在需要之处引用了有关的工作细则、程序和图纸？

（4）是否能用于单位的内部管理和单位同其他单位间的工作协调，是否对诸如工作细则、程序和图纸的编写与批准、管理中的责任、要遵循的工作顺序提出了指导？

（5）大纲程序是否提供详细资料和指导并按逻辑顺序和标准化格式制定？程序对工作是否有足够的针对性？

2.6　本章小结

作为一个纲领性的总文件，质量保证大纲的编制和实施对民用核安全设备质量起着重要作用。本章梳理了法规对建立核质量保证大纲的要求，对大纲概述、大纲程序的格式和内容分别进行了描述，通过对法规条文的解析，对大纲文件的编写提出指导意见。

第三章　核质量保证组织机构

组织机构是指组织发展、完善到一定程度，在其内部形成的结构严密、相对独立，并彼此传递或转换能量、物质和信息的系统。民用核安全设备质量保证大纲中组织机构的建设是大纲建立、运行、维护和改进的基础。

3.1　组织机构建立原则

组织机构建立的核心是权责分明，设计时应考虑最高管理者的领导、组织机构管理的跨度、各机构的分工程度等，从而有效实现组织目标。

3.1.1　法规要求与解析

HAF003 及其导则列出组织机构成立的基本要求，并对组织机构和职能分工提出原则性要求。组织结构和职能分工必须做到：

（1）由被指定负责该工作的人员来实现其质量目标，可以包括由完成该工作的人员所进行的检验、校核和检查。

（2）当有必要验证是否满足规定的要求时，这种验证只能由不对该工作直接负责的人员进行。

为了落实法规要求，建议民用核安全设备活动单位组织机构的建设满足如下要求：

（1）HAF003 本节要求的组织机构，指的是从事质量保证活动的组织机构，既不是所有部门的行政组织机构，也不是仅执行质量保证职能的部门，它涉及的机构包括民用核安全设备活动的直接从事机构、活动质量的验证机构和相应的领导机构。

（2）组织机构的建立，在质保大纲文件中以组织机构图和文字给予规定。组织机构图表明了机构的设置、报告渠道和工作联络关系。文字描述了组织机构图所示机构或人员的职责和权限，图文内容应一致。

3.1.2　控制措施

民用核安全设备活动单位应建立组织机构并明确规定其职责、权限、内外部接口的要求及措施。应在大纲中画出实施和管理大纲的质量保证组织机构图，组织机构图需体现出本单位所有参与大纲实施和验证的部门，并且要注明各部门内部联系和与外部的联系线（包括领导关系线、对质量活动进行监督的关系线和质保监查关系线等）。

目前，国内大多数企业都已建立 9000 族质量保证体系，有些单位还建立了特种设备、航空航天、船舶、石油化工等不同行业国内外的质量保证体系，并取得相关认证，而民用核安全设备活动单位在从事民用核安全设备活动时，就需要按照民用核安全法规的要求建立核质量保证体系。这样，在一个单位里，就可能同时存在多套质量保证体系，而实际上，进行质量保证工作的是同一批人员、同一个组织机构，对于不同的质量目标开展不同的活动，形成不同的质量保证体系。

3.1.3　审查关注点

审查过程中重点关注组织机构如下要求：

（1）民用核安全设备活动单位实际的组织机构与大纲组织机构图的相符性。

（2）质量活动的从事者和监督者都要实施大纲，确保大纲组织机构的覆盖性。

（3）质量保证部门在组织机构中应具备“足够的权力和组织独立性”。

（4）组织机构职责权限前后一致性。

3.1.4 案例解析

案例（1）：某单位组织机构未体现质保独立性。

事件描述：

某单位的组织机构图如图 3-1 所示，组织机构图中未体现质保部组织独立性。

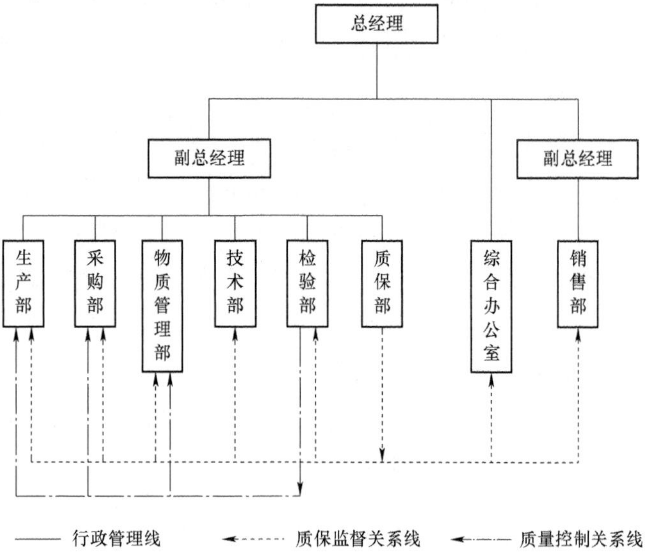

图 3-1　组织机构图

原因分析：

（1）未画出质保部向总经理的质量保证联络线，未体现质保独立性。

（2）“3.0 组织”一章中质保部的职责权限描述了“当质量和进度发生冲突，质保部有权直接向总经理汇报工作”，组织机构图中未能准确描述这一职责。

纠正：

（1）“政策与授权声明”应补充总经理对质保部组织独立性的描述。

（2）组织机构图中应补充质保部引出指向总经理的质保联络线。

经验反馈：

民用核安全设备活动单位质量保证部门在民用核安全设备活动中起至关重要的作用，必须保证质保部在组织结构中应能够向总经理（即最高管理者）报告工作，以保证其拥有足够的权利（包括不受进度和经费约束的权利）和组织独立性。质保部与总经理应建立质保联络关系，质保联络关系线需在组织机构图中能够体现出来。

案例（2）：某单位组织机构设置不明确。

事件描述：

某单位大纲“3.1 责任、权限和联络”对质量总监的职责进行了描述，其主要职责是负责制定并实施本企业的质量战略、质量方针、质量体系和相关的制度等工作；全面负责核质量保证体系的管理、实施和保持，改善产品质量。但该单位组织机构中并未体现“质量总监”的职位，组织机构图显示质保部是由主管生产的副总经理分管。

原因分析：

（1）该单位实际是设置有质量总监一职的，由于编制大纲时该职位人员离职，当前由主管生产的副总经理临时兼任，故在质量保证大纲组织机构图中未体现质量总监一职，导致组织机构图与实际不符；

（2）主管生产的副总经理兼任质量总监，当质量和进度发生矛盾的时候，不利于该公司保持质保独立性。

纠正：

（1）应明确是否保留质量总监的职位。

（2）为保证质保独立性，质保部和生产部不能由同一位副总经理。

（3）应根据组织机构的调整情况，梳理各组织的职责权限变化情况，系统性修订质量保证大纲、程序和第三层次文件对应的内容，确保各组织机构职责权限的一致性。

经验反馈：

组织机构的合理设置，是确保整个组织分工明确、职责清晰的前提，可保证每一个部门工作的正常运行和整个组织管理流程的畅通。质量保证大纲的稳定运行受组织机构的调整与变化的影响，组织机构的调整应及时反馈到组织机构图和对应的职责权限中，确保工作顺利开展。

3.2 主要组织机构职责权限

组织一章中应列出一至三级管理机构的职责权限，且主要组织机构的职责权限（最高管理者、质量保证部门、验证组织等）应予以明确。

3.2.1 法规要求与解析

HAF003 及其导则规定应对负责实施和验证质量保证的人员

与部门的权限及职能作出书面规定，并规定其质量保证职能：

（1）保证制定和有效地实施合适的质量保证大纲；

（2）验证各种活动是否正确地按规定进行。负责实施和验证质量保证的人员和部门必须拥有足够的权力和组织独立性，以便鉴别质量问题，建议、推荐或提供解决办法。

负责质量保证职能的人员和部门应拥有必需的权力和足够的组织独立性，能够向级别足够高的管理部门上报，包括不受经费和进度约束的权力，具体体现在以下三方面：

（1）只要行使质量保证职能的人员和部门拥有所需要的权利和组织独立性，执行质量保证大纲的组织结构可以采取不同的形式。一个单位应根据所承担的工作任务，确定所需开展的质量保证活动。按照这些活动设置或调整必要的机构（因事设人），做到四个凡事。应注意机构不应多头领导，一个机构只应受上一级的一个机构（或管理者）领导。

（2）行使质量保证职能的人员和部门必须拥有足够的权利（包括不受进度和经费约束的权利）和组织独立性，以便能够发现、提出质量问题；建议、推荐或提供问题的解决方案；必要时，控制（如采取停工令、停工建议等方式）不符合项的下一步工序、交货、安装或使用，直到进行了适当的处置。

（3）行使质量保证职能的人员和部门必须向足够高的管理者报告工作，以保证其必须的权利和足够的组织独立性。

3.2.2　控制措施

大纲需要列出质量保证组织机构图中各部门和人员的详细职责、权限，特别是质量保证工作方面的详细职责和权限。

根据国家法律法规要求，结合审查实际，重点阐述大纲批准人、验证组织、质量保证部门应具有的职责权限。

（1）大纲批准人职责权限要求及措施：

① 应按照国家法律法规要求严格贯彻实施大纲。

② 在批准大纲前审查大纲内容，其中特别要审查：大纲的适用范围；各有关部门（质量保证部门和质量活动部门）的职责与接口；授予质量保证部门足够的权力和组织独立性。

③ 要求对大纲开展培训。

④ 明确大纲的实施是强制性的，要求全体员工严格有效实施大纲。

⑤ 承诺自己对制定和有效实施本单位大纲负责。

⑥ 承诺由自己负责组织对大纲的状况（实施有效性）和适用性多长时间审查一次，并在发现有问题时要求责任部门采取纠正措施。

⑦ 编制并发布大纲“政策与授权声明”。

⑧ 批准核安全文化建设文件，并要求全体员工践行核安全文化。

（2）验证组织独立性的要求及措施：

验证是指从质量控制的角度，对核安全重要活动的检查和试验，需满足核安全质保法规文件的控制要求，且必须保持独立性。当有必要验证是否满足规定的要求时，这种验证只能由不对该工作直接负责的人员进行，验证人员必须具有组织独立性，才能不受被验证活动的从事者和被验证部门的影响，而独立实施验证工作。为了确保组织独立性，必须做到：

① 验证人员必须是不对被验证的（质量控制）活动（过程和结果）、被监查的质保工作承担责任的人员，以保证验证活动和监查活动中提出的问题具有客观性。

② 验证人员可以在验证时随意进入任何需验证的部门和部位，并查看被验证活动的实施情况及其记录。

③ 验证人员可以不受限制地参加任何与质量控制活动和质量问题有关的会议。

④ 验证人员对质量控制活动和质量问题提出的纠正要求或制止下一步工作（暂停工作）的决定，被验证部门和人员必须执行。

（3）质量保证部门职责权限的要求及措施：

负责质量保证职能的人员和部门应被授予下列“足够的权力和组织独立性”：

① 能鉴别质量问题。

② 建议、推荐或提供解决办法。

③ 不受经费和进度的约束，对不符合、有缺陷或不满足规定要求的物项采取行动，制止进行下一步工序、交货、安装或使用，直到做出适当的安排。

④ 必须向级别足够高的管理部门上报，以保证上述必需的权力和足够的组织独立性；最低限度是质量保证部门的级别应处于“必须能直接向为级别足够高的管理部门（本单位大纲批准人）报告工作”。

⑤ 质量保证部门是一个重要部门，应该由本单位大纲批准人直接领导，只有这样，才能做到“直接向级别足够高的管理部门报告工作”，才能确保质量保证部门客观地发现质量问题，而不受生产、进度、成本的约束或干扰，保证其从事质保工作所必须的权力和足够的组织独立性。

（4）各岗位人员（特别是决策层和管理层）应明确大纲中自己的职责，熟悉有关大纲程序的要求。

3.2.3　审查关注点

审查过程中重点关注组织机构如下要求：

（1）全部（质量控制）活动和验证活动的职责都应该有相关部门或人员负责。

（2）对职责和权限的规定要客观、合理。

（3）大纲提及的同一部门的职责、权限应前后一致，不应有空缺、重叠和矛盾。

（4）由几个部门共同承担某一职责时，要写清主辅关系："组织"还是"参加"，"编制"还是"审核"或"批准"，明确具体职责权限。

3.2.4 案例解析

案例：某单位组织机构的职责权限不清晰。

事件描述：

某单位质保大纲"2.2 职责"中描述，总经理的职责包括全面负责核电产品的项目工作，而项目经理职责包括全面主持核电产品项目工作；对于质保大纲的编制描述为：其质保大纲由质量管理部编制，质量管理部部长审核，总经理批准，而实际该单位质量保证政策声明由总经理签署，大纲的批准仍由董事长批准，同时，董事长还签署一份质保大纲授权书，授权质量总监为项目经理，在核电产品和服务实现过程中代为行使相应职权。

原因分析：

（1）该单位对于大纲的批准并非由大纲描述的总经理批准，而是董事长，说明该单位最高的管理者对于自身的职责权限并不清楚。

（2）公司决策层和管理层，包括董事长、总经理、质量总监、项目经理等职责权限边界模糊，看似重视核质量保证工作，而实际岗位职责并不明确，职责重叠往往表明该单位的质保体系运行并未完全按照大纲执行。

纠正：

（1）应确认大纲的批准人，若存在最高管理者授权文件，应严格执行授权文件。

（2）应明确区分公司管理层的职责权限，并确保管理层熟悉自身职责权限。

经验反馈：

鉴于本案例，建议民用核安全设备活动单位开展如下经验反馈工作：

（1）任何一个组织机构，都应该职责权限清晰，不论决策层、管理层还是执行层都应该清楚自身职责权限，并严格按照岗位职责要求开展工作，确保质量保证大纲的有效运行；

（2）决策层应明确岗位的职责权限，通过文件对人员进行授权，确保民用核安全设备的安全性和可靠性。

3.3　组织接口

任何组织内部和外部都存在接口。接口类似契约，规定了组织各部门与外部机构、组织各部门之间联络过程中的职责和权限。

3.3.1　法规要求与解析

HAF003 及其导则规定各单位之间应建立接口控制措施，并做到接口可控：

应对组织接口做出安排。组织接口是指各部门间和单位间职能的界限和衔接关系。许多活动由几个单位或几个部门协同完成，这就存在着单位间、部门间的职责界限确定、衔接关系和协调问题。对组织接口的控制，必须明确：

① 内外接口各方职责。

② 接口联络方式、联络渠道以及接口联络人。

③ 以正确的方式传递信息。

④ 事先确定传递文件的类型、控制分发。

3.3.2 控制措施

组织机构各个部门工作的接口和协调，应明确各自的责任、联络和交流。民用核安全设备活动单位内部各部门之间工作的接口很重要，如果在实施各自的工作时相互之间的接口不畅或协调不当，很容易出现问题，直接影响设备质量和核安全。对组织接口的控制应注意：

（1）各部门之间的接口、协调和联络应包括分工、工作衔接和信息资料交流，且涵盖管理和技术两个方面。

（2）对责任、接口、协调和联络的事项和措施必须通过相应的文件做出规定，并规定文件的类型，控制其分发。一般采用的文件类型有接口管理程序和各种工作联系单等。应针对不同的单位和其内部的各个部门，分别制定相应的接口管理要求，控制文件分发的要求是应能确保合适且有效的文件及时分发到有需求的单位、部门和人员。

（3）对于外部接口，如与上游设计院的设计变更、分包单位的分包活动控制等，在有多个单位的情况下，必须明确规定每个单位的责任和对外接口部门，并采取适当的措施以保证各单位间工作的接口有效和协调顺畅。单位间主要信息的交流必须通过相应的文件，且必须规定文件的类型并控制其分发。

（4）监督与监查之间的接口和联系，应确保两种验证工作能及时沟通各自发现的问题，从而共同针对发现的问题从不同的职责出发，促进责任部门纠正，举一反三，避免同类问题重复发生，并有的放矢地改进自己的验证工作。

3.3.3 审查关注点

审查人员重点关注如下方面：

（1）对单位间、部门间工作接口（特别是质保工作接口）的规定是否满足民用核安全设备活动的需要，包括有哪些类型的接口、需要制定哪些接口程序、接口程序应规定哪些方面内容等。

（2）各验证部门（如：质检、试验、检验、监查等）间的接口程序覆盖面的完整性，以及接口（特别是信息交流）实施情况。

（3）与外单位接口程序覆盖面的完整性，重点关注部分接口（特别是技术接口、质量保证接口）的实施情况。

（4）如果质保监督与质保监查不由同一部门负责，应说明两部门间质保工作接口的措施。

（5）如果验证部门分为本部和现场两部分，应说明两部分工作接口的措施等。

3.3.4 案例解析

案例：某单位因接口不利导致项目验收不合格。

事件描述：

A 单位项目质保大纲规定对外接口统一由办公室负责联络，并由指定邮箱接收外来文件。办公室收到一份项目外来文件 F，收文人员根据标题判定文件 F 不需要转发，只对文件 F 进行了收入登记。该项目设备验收时，发现技术要求不符合项目技术要求，未能按时发货。经核实，技术要求变化经由文件 F 发送到指定邮箱。

原因分析：

（1）A 单位对项目接口的控制未能覆盖文件可能涉及的技术层面。

（2）项目接口人员未能有效识别文件内容，也未将文件传达到项目相关人员，造成项目未能顺利验收。

纠正：

（1）A 单位应重新评估文件接口控制要求，指派能有效识别文件信息的人员负责文件接收后的分发工作。

（2）A 单位应举一反三，排查在执行项目是否存在类似问题，并及时将排查结果通报买方或核安全监管部门，采取相应的措施跟踪处理。

经验反馈：

鉴于本案例，建议民用核安全设备活动单位开展如下经验反馈工作：

（1）重视组织内外部接口，充分发挥接口在项目执行中的重要作用，组织内接口可由各部门指定联络人，组织外接口可由公司指定接口人。

（2）指定的外部接口人应能准确识别文件类型和需要转发的部门，确保外部要求及时传达到相关部门。

（3）可根据项目特点，制定接口联络机制，定期梳理外部项目文件，确保项目顺利实施。

3.4 人员资格与培训

从事民用核安全设备活动的人员，应接受核安全相关法律法规、质量保证体系等培训，并在上岗前接受相应的岗位技能培训。

3.4.1 法规要求与解析

HAF003 及其导则规定民用核安全设备活动单位应该挑选合适的人员从事民用核安全设备相关工作，对其进行适应性培训，包括管理性培训和技术性培训。

结合法规要求，民用核安全设备活动单位应按照法规要求和行业执业资质要求，规定从业人员的配备、培训和资格认定的具体要求，包括计划制定和实施的部门、参与的人员、考核与评估等。

3.4.2　控制措施

（1）人员配备方面。

从事民用核安全设备活动，必须配备足够数量的合格人员。人员配备应配合进度并及早部署。应按照工作范围和需求、以及工程进度制定人员配备计划，确定所需人员的类别、数量和配备的时间期限。人员配备计划需要充分考虑各岗位实际需求、人员配备实现途径（社会招聘或内部培训）、工作进度等，以便留出充足的时间，用以指定、挑选、培训所需要的人员。

对于人员配备（挑选），应明确：

① 由哪个部门负责人员配备和制定人员配备计划；

② 要配备哪些方面的人员；

③ 配备进度；

④ 对人员的学历、经验、专业等要求；

⑤ 配备方式（考核挑选或现有人员中推荐与指定）。

（2）培训方面。

人员的素质对实现产品质量起着决定性的作用，从事民用核安全设备活动的人员，上岗前必须进行相应的培训。针对人员配备与培训，民用核设备活动单位必须制定培训大纲和培训计划（包括保持和提高能力的再培训），培训大纲规定各类人员的培训课程、课时方式、进度和考核标准。专业部门可针对个别工种受训人员的背景情况，根据培训大纲的要求制定专门的培训计划。

申请单位应指定部门负责人员配备与培训的管理工作，对从事民用核安全设备活动的人员，制定相应的培训计划。负责培训的部门，应按照工作进度提前足够时间制定和实施培训计划、培训大纲和培训程序，以确保这些人员达到足够的业务熟练程度，必要时还要进行资格考试并颁发资格证。

除技术培训外，还应全员覆盖进行质保、核安全文化等方面的培训，让从事民用核安全设备活动的人员，了解自己的质保职责和质保要求，并培育良好的核安全文化，确保其树立质保意识和核安全文化意识。此外，还应注意人员再培训，以维护和保持其资格证书或技能水平。

对于人员培训，应明确：

① 由哪个部门负责人员培训管理（包含制定人员培训计划、培训大纲和培训程序）。

② 对培训计划、培训大纲和培训程序内容的要求。如何按工作进度提前足够时间制定。

③ 要对哪些方面的人员进行培训。

④ 培训哪些专业知识和所要求的熟悉程度。

⑤ 人员再培训的计划和要求。

⑥ 哪些方面的人员要取得资格证和取得资格证的途径。

⑦ 培训的考核方式和效果评估。

⑧ 培训记录和档案的建立与保存。

（3）考核和取证。

人员考核应以学历、经验、业务熟悉程度作为资格考核标准。部分岗位必要时应发证、授权，如特种工艺人员、检查和试验人员、计量器具检定维修人员等，考核合格后还需取得权威专业机构颁发的资格证书来认定其资格；核级焊接人员、核级无损检验人员需按照民用核安全设备监督管理要求取得相应的资质证书，方能从事核级设备焊接和无损检验活动；理化检验人员、热处理人员、行车操作人员等需要取得相应资质认证后方可从事相应的活动。

3.4.3 审查关注点

审查人员重点关注以下方面：

（1）大纲概述、程序、计划、细则等文件对人员配备与培训活动的规定与法规要求的符合性。如有无考虑法规关于“人员配备”“质量教育”“培训”和“检查、试验和监查人员的资格”的建议，以及无损检验人员和焊接人员资格的强制管理规定等。国家核安全局已经发布了部分设备的资格条件，资格条件中有关的人员配备要求也应该得到贯彻落实。

（2）人员配备计划的岗位种类：有无考虑企业目标产品的种类和过程范围，以及所在行业的必备过程和人员资格强制认定要求（包括通用行业要求的特殊工种、计量人员等）。

（3）验证人员配备能否满足验证工作的要求。

（4）无损检验人员和焊接人员的资格控制是否分别符合相关法规规定。

（5）其他人员（特别是质检、计量、检验、试验、监查和特殊工艺人员）的资质许可情况，以及考核档案的完整性。

（6）对所有从事对质量有影响工作的人员，有无制定措施对其实施质量教育和核安全文化教育。

（7）为了确保达到并保持足够的业务熟练程度，有无制定对检查、试验和监查人员的挑选、教育、培训及授权的书面程序和计划，人员资格的认定是否以学历、经验和培训为基础并考虑其在职能力，人员资格的定期重新评价是否包含在程序和计划中。

（8）培训实施的覆盖性（包括质保、技术、作业程序等）以及培训档案的完整性。

3.4.4 案例解析

案例（1）：某单位员工培训计划与实施方案有效性不足，且培训档案不完备。

事件描述：

某单位于 2019 年开展了核安全文化和核电标准培训，相关培训记录显示：

（1）该单位核安全文化培训的参与人员主要包括质保人员，以及少量的操作人员（焊接、无损）和质量检验人员，无公司领导参与。

（2）核电标准培训仅少量设计人员参加。

（3）培训内容未覆盖培训计划内容。

（4）所开展培训均未进行考核，且部分计划内的培训项目未完成。

（5）培训的存档材料仅包括培训计划和培训签到表。

原因分析：

（1）该单位领导层面对培训不够重视，决策层和管理层均未参加核安全文化培训，年度计划执行不足，参加培训的人员覆盖范围不全。

（2）培训完成未进行考核，也无培训效果的评价，对于培训的有效性缺乏评估。

（3）培训存档材料不全。

纠正：

（1）核安全文化培训对象应包含：决策层、管理层和员工，应在年度计划中制定不同层次的培训内容。

（2）应按照计划进行培训，培训调整应及时反馈。

（3）培训应进行效果评价。

（4）制定培训材料归档要求，并严格执行。

经验反馈：

鉴于本案例，建议民用核安全设备活动单位开展如下经验反馈工作：

（1）核安全文化培训倡导全员参与，决策层和管理层应给予核安全文化培训充分的重视和广泛的参与，并持续改进。

（2）应制定系统的培训方法和培训计划，确保培训对象的全员性和培训内容的全面性。

（3）培训计划制定之后，应采取针对性措施开展相关活动，若计划有所调整，应及时更新培训计划，加强培训落实。

（4）培训应形成闭环，包括：制订计划、实施、评价和归档。

案例（2）：某单位设计人员的授权不符合资格评定程序的规定。

事件描述：

某单位《设计人员资格评定程序》对规定了各级设计人员的评定要求，查看该单位设计人员评定记录发现：实际评定过程并未严格参照程序相关要求进行，其已授权的部分设计人员、设计校核人员不符合《设计人员资格评定程序》的相关要求。

原因分析：

（1）该单位《设计人员资格评定程序》的相关规定较为模糊，程序可操作性不强。

（2）在人员配备时，主要考虑工作量的需求，对于人员资格的要求未予重视，导致从事核设备相关工作人员的资格评定不能够满足程序中人员资格的要求，对人员评定敷衍了事。

纠正：

（1）修订《设计人员资格评定程序》，明确规定各级设计人员的资质要求。

（2）设计人员应严格按照程序要求进行评定和授权，对于工作经历、工作年限或培训要求不满足的人员不能授予相应资格。

经验反馈：

鉴于本案例，建议民用核安全设备活动单位开展如下经验反馈工作：

（1）结合监管要求、行业要求和企业实际制定人员资格评定要求，相关规定应清楚无异议。

（2）应严格按照人员资格评定要求执行人员资格评定与授权，不符合要求的人员不能予以岗位授权。

（3）拟从事相关岗位的人员上岗前应接受岗位培训，确保胜任相关工作。

3.5 本章小结

企业作为一个特定的社会经济组织，为了完成工作目标将工作任务分解，再按照工作内容和性质配备相应的员工。工作的分解规则决定了企业的组织结构，一个好的企业组织结构，需要能够完成两个目标：工作责任制和内部沟通交流。每一个分解的工作任务都应有相应的人员负责，而员工在执行各自工作任务的同时也需要进行沟通协调和交流。组织架构是企业内部环境的有机组成部分，也是企业开展风险评估、实施控制活动、促进信息沟通、强化内部监督的基础设施和平台载体。一个完善高效的组织架构，可以使企业部门分工明确，员工各司其职、各负其责、相互协调、相互配合，确保各项工作科学、高效、有序完成。

本章通过描述民用核安全设备活动单位组织机构建设的基本

要求，界定组织的资源和信息流动的要求，明确组织内外部成员个人相互关系，使每个成员明确在这个组织中有什么地位、拥有什么权力、承担什么责任、发挥什么作用，维系和践行民用核安全设备活动单位质量保证体系的有效运转。

第四章 设计活动质量保证要求

民用核安全设备的设计质量是保证产品性能的基础，一个组织的设计能力往往体现了组织的核心技术能力。民用核安全设备的设计活动是整个民用核安全设备活动中非常重要的环节，是设备制造质量好坏的前置条件，关系到核设施的安全运行。此处提到的“设计”，是指从确定设计输入开始，直到发布设计输出文件为止的一整套技术和管理过程，基本设计过程包括设计输入、设计分析、设计输出。

4.1 设计过程

设计过程的控制要点包括：对设计输入、设计分析、设计输出、设计接口、设计验证和设计变更的控制。设计输入和设计输出是设计活动的始末两端，对设计质量的控制覆盖设计活动的全过程。设计输入的质量是后续设计活动的基础，应完整且准确地传递上游技术要求；设计输出是整个设计得到的结果，设计输出的质量又直接影响着之后的生产制造活动。

4.1.1 法规要求与解析

HAF601 第二十二条规定，民用核安全设备活动单位在设计活动开始前，应当组织相关设计人员对民用核设施营运单位提出的设计要求进行消化、分析，充分掌握设计输入要求，并予以明确；确定设计接口控制措施、设计验证方式和内容以及设计变更控制措施。本条款中所述要点包括：设计输入、设计输出、设计接口、设计验证及设计变更，即为本章逐节讨论的重点内容。

HAF003及其导则规定，民用核安全设备活动单位必须制定设计控制措施并形成文件，以保证把规定的相应设计要求（例如设计基准、规范、标准、国家核安全监管部门的要求等）都正确地体现在技术规格书、图纸、程序或细则中。设计控制措施还必须包括确保在设计文件中规定和叙述合适的质量标准的条款，必须控制对规定的设计要求和质量标准的变更和偏离，还必须制定措施，对构筑物、系统或部件的功能起重要作用的任何材料、零件、设备和工艺进行选择，并审查其适用性。

法规要求在民用核安全设备活动中贯彻质量保证就是为了在设计中充分地体现全部有关的准则、规范和标准，使得设计达到所要求的质量和信得过的程度。设计输入是"规定的相应设计要求"，根据我国实践，设计输入一般分为三个方面：标准要求、采购单位控制要求和技术条件、上游设计活动的设计输出文件。确定设计输入的责任者是采购单位，但供方单位也必须对设计输入的完整性和适用性进行评价。

质量标准是质保要求的具体形式，是根据核安全相关物项的功能分级、核安全重要活动的控制分类以及质保分级制定的控制要求，满足设计要求和设计质量标准即为对设计输出的控制要求。

4.1.2　控制措施

设计持证单位应按照设计规格书的要求，完成相应的设计输入，在图纸、程序或细则中予以体现，对民用核安全设备活动相关的材料、零部件、设备和工艺进行选择，并审查其适用性，在设计过程中，设计输入、设计分析、设计输出、设计接口、设计验证和设计变更等活动均应得到控制，且所有设计活动应形成文件，使未参加原设计的技术人员可进行充分的评价，具体控制措施要点如下：

（1）参与设计工作的人员应具备相关知识和技能，并达到一定熟练程度，应经过单位正式的培训和授权，在授权等级职责内完成相关设计工作。

（2）必须确定设计输入的完整性和有效性，并形成文件。

（3）责任单位或其指定的代表对确定设计输入负责，保证设计输入的正确性。

（4）设计输入的类型根据设计单位的责任范围来确定。

（5）设计输入指的是由采购单位提出的相应设计要求，包括：确定所遵循的总则性文件（如核安全法规要求、工程规范和标准等，必要时注明这些文件的特定部分）以及特定输入（如技术数据、性能要求、上游设计活动的设计输出和接口文件等）。

（6）按照要求对设计输入进行校核和批准，以保证设计输入的完整性和适用性。

（7）针对项目活动特点，在设计输入中确定设计活动必须考虑的因素。

（8）按照正式批准的程序，有计划、有组织地开展设计分析。

（9）具有开展设计工作所必需的设计软件和硬件；对于使用的设计软件，应取得相关认证及使用授权，并证明其版本的有效性；应具有专门的人员和程序对设计软件和硬件等进行管理和维护，保证其可用性。

（10）对设计分析过程文件，按照项目、原设计者、审查者、日期或其他信息等进行标识和检索。

（11）设计分析文件应字迹清楚，其形式应便于复制、存档和查阅。

（12）对于设计图纸，应制定相应绘制、修改和管理的程序，程序应包括以下内容：制图标准、标准符号、标识方法、状态指示、校核方法、审批要求、发布和分发、原图和底图的贮存和管理、修订及作废文件的管理、不符合管理等。

（13）设计输出指的是设计成果文件，如图纸、技术规格书、试验大纲等设计文件，一般应为经过编—审—批流程的正式版文件，设计输出的评审材料也作为设计输出文件的组成。

（14）对设计输出进行质量保证分级控制。

（15）确定对设计输出要求偏离的控制方法。

（16）设计输出中确定材料、零件、设备和工艺的选择和评价方法。

（17）参与设计工作的分包单位和设计人员应使用与总包方相同或相当的经采购方批准的政策、程序、技术规定和相同的质量标准。

（18）应对设计分包单位进行资质审查认可，并结合具体分包活动以及合格供方管理要求，对分包商进行必要的复评；设计分包活动不减轻本单位的设计责任；分包项目还需遵守国家核安全监管部门发布的“不能分包的关键工艺”要求。

（19）特别要在下列方面按照上述要求进行设计控制：辐射防护；人因；防火；物理和应力分析；热工、水力、地震和事故分析；材料相容性；在役检查、维护和修理的可达性；以及检查和试验的验收准则等。

4.1.3　审查关注点

审查过程中重点关注如下内容：

（1）是否制定设计人员设计资格授权规定文件，以及设计人员取得各类设计资格授权的条件；实际从事设计活动的人员是否按照规定，经过培训合格并取得相应设计权限的正式授权；设计人员是否在其取得授权的范围内开展设计工作；是否有专门的部门负责对设计人员的设计资质进行维护。

（2）是否拥有足够的设计用软件和硬件，是否制定相关要求对设计软件和硬件进行可用性管理，使用的设计软件是否为有效版本且经过认证和授权。

（3）设计输入：是否有文件对设计输入进行控制，内容包括如何保证设计输入的正确性、设计输入的类型和内容等；实际执行的设计输入是否将所有规定的相应要求，包括常用的法律法规要求、标准规范及特定设备的特殊要求，转化为具体的控制措施并形成有效文件。

（4）设计分析：是否有文件对设计分析进行控制；实际的设计分析过程是否按照程序执行；设计分析过程文件是否标识明确并便于检索，其内容是否清晰可辨。

（5）设计输出：是否有文件对设计输出进行控制；设计输出是否经过正式的审查和批准；设计输出文件及其版本是否规范且适用；设计输出是否完整。

（6）设计的分包是否合理受控：分包项目为非不可分包的关键技术和工艺，分包商为本单位合格供应商且其资质和能力满足分包活动需求，分包过程按照程序要求进行。

（7）设计变更的编审批是否可控；设计变更文件是否及时有效地传达到相关部门和人员。

4.1.4 案例解析

案例：某单位设计输入控制不充分。

事件描述：

抽查 A 单位某核级设备的设计文件发现，其《设计任务书》

及《设计和开发计划》均存在不同的版本，且未设置版本号。进一步核查其《设计输入控制程序》，发现程序并未给出设计输入要素应包含哪些内容，实际形成的设计输入文件也只列出了依据的上游技术规格书和技术要求的名称。

原因分析：

（1）A 单位文件控制程序明确要求对文件进行版本控制，实际设计过程中设计文件控制不到位，重要设计文件未进行版本控制，无法有效识别最终版文件，不能保证设计输入的准确性。

（2）设计人员接受过质量保证大纲和程序文件的培训，但是并未重视培训效果，未掌握文件版本控制要求。

（3）《设计输入控制程序》的要求流于形式，实际设计过程仅根据相关人员经验进行。

纠正：

（1）A 单位应对设计文件进行版本控制，确保现场使用的设计文件为现行有效版本。

（2）应对设计人员进行大纲和程序培训，增强设计人员的文控意识和责任意识。

（3）修订《设计输入控制程序》，书面规定设计输入的类型和内容，确保各设计输入要素受控。

（4）排查是否存在由于设计文件版本有误导致设计输入不符合上游设计要求的情况，如有，及时采取控制措施，并跟踪处理。

经验反馈：

鉴于本案例，建议民用核安全设备活动单位开展如下经验反馈工作：

（1）应加强设计输入控制，将设计输入形成规范且受控的文件，确保设计输入的完整性、有效性和适用性。

（2）应为设计质量相关人员开展大纲和程序培训，并关注其培训效果。

4.2 设计接口

设计接口是指设计工作中，对设计质量有影响（提供准则、设计、技术条件和技术指导）的工作单位之间，包括设计单位之间或设计单位内部各设计部门之间的设计责任和设计活动的分界接口。

4.2.1 法规要求与解析

HAF003 及其导则规定，民用核安全设备活动单位必须书面规定从事设计的各单位和各组成部门间的内部和外部接口，必须足够详细且明确地规定每一单位和组成部门的责任，包括涉及接口的文件编制、审核、批准、发布、分发和修订；必须为设计各方规定涉及设计接口的设计资料交流的方法；资料交流必须用文件记载并予以控制。

大纲应在有多个设计单位和单位内有多个设计部门时，“书面规定它们的内部和外部接口”。HAF003 对于设计接口的控制要求，并未超出组织一章中对所有接口控制的要求，只是进一步强调了对设计资料的控制要求。

4.2.2 控制措施

民用核安全设备活动单位应编制书面的设计接口控制要求，明确规定内部和外部接口，以及设计接口单位和部门的责任，对接口文件的编制、审核、批准、发布、分发和修订进行控制，规定设计接口文件往来的方法，并对文件进行留底存档。具体控制措施要点如下：

（1）以书面形式明确设计活动的内部和外部接口。

（2）应足够详细地明文规定各相关单位和部门的职责和权限，包括设计接口有关文件的编写、审查、批准、发布、分发和修订；可以用表格或流程图的形式规定责任，并附以适当的注释性文件。

（3）明确并执行设计单位或单位内部设计部门之间的联络渠道：制订系统的方法，以使所需的设计资料（特别强调设计工作进展中的修改）在各设计接口之间得以顺畅交流；明确联络渠道上的关键人员以及他们在做出决定、解决问题、提供和审查资料及采取其他所需行动等方面的责任。

（4）明确并执行对设计单位或单位内部设计部门之间流转的设计资料的控制：传递的设计资料应具有专用标识，由授权人员签发，且标明文件状态，必要处应标明尚需进一步评价、审查或批准等尚未完成的事项；对于要求提供资料或采取行动的文件，应置于制度的管理之下，以保证得到响应且有据可查；最初由口头或其他非正式方式传递设计资料时，应及时补充正式文件予以确认。

（5）鼓励民用核安全设备设计单位与其用户（核电厂营运单位、工程公司或上游核安全设备活动单位）建立联络渠道，获得相关设备在制造、安装及运行经验方面的信息反馈。

4.2.3　审查关注点

审查过程中重点关注如下内容：

（1）是否有程序对设计接口进行控制。

（2）设计接口控制文件中是否涵盖设计活动的内部及外部接口，包括识别设计全过程中设计接口、接口相关单位或部门的责任是否清晰且完备、接口相关单位或部门之间的联系渠道是否具体可行、接口相关单位或部门之间流转的设计资料控制情况等。

（3）实际执行设计活动中，是否按照文件要求对相关内部及外部设计接口进行有效控制。

4.2.4 案例解析

案例：某单位设计接口控制要求不一致。

事件描述：

抽查某设备活动单位的设计控制，存在如下问题：

（1）《×××设计输入控制程序》两处分别描述为“设计任务书由核电部编制并下达技术部”“由核电部对物项归类整理，编制设计任务书并连同所有设计输入文件转交综合计划部……综合技术部在下达销售任务的同时，将所有设计输入文件转交研发中心”，显然，两处关于设计输入接口的描述不一致。

（2）《×××设计输入控制程序》规定“外部设计输入文件应由需方或指定代表提供核电部”，而《×××设计控制程序》规定“设计单位、用户及总体设计单位提供的技术协议书、任务书、简图及技术文件等，由销售部门接收确认后转技术部门”，两份程序规定的外部接口不一致。

原因分析：

（1）经核实，技术部和研发中心为同一部门，组织机构调整和组织机构名称变更后，程序文件未统一更新；设计输入的实际操作为“由核电部对物项归类整理，编制设计任务书并连同所有设计输入文件转交综合计划部……综合技术部在下达销售任务的同时，将所有设计输入文件转交技术部”；程序中出现对设计接口控制不一致且与实际执行不符的情况。

（2）经核实，外部接口统一为销售部；两份文件的编制人员不同，其中一人对外部接口理解错误；两份文件的审核同为技术部领导，审核疏忽未能及时发现错误。

纠正：

（1）重新编制设计输入控制程序，明确设计输入的内外部接口。

（2）举一反三，遍查程序文件，避免出现类似错误。

（3）对设计人员加强程序文件的培训。

经验反馈：

鉴于本案例，建议民用核安全设备活动单位开展如下经验反馈工作：

（1）应重视大纲程序的编制、审核、修订工作，组织机构或相关职能发生调整后，及时升版相关文件，确保程序文件的有效可用。

（2）应重视设计接口控制，严格依据程序开展工作；在实际操作中反馈出程序的不合理之处，可尽快研讨并升版相关程序。

（3）加强员工的培训工作，增强员工对于遵守大纲和程序的责任意识。

4.3　设计验证

设计验证是审查、确认或证实设计的过程，其目的是保证设计满足所有的设计要求，是设计工作的关键性环节，也是设计阶段质量保证工作的重要活动之一，设计单位的领导和主管部门必须重视，质量保证部门必须参与，适时地制定和实施设计验证的管理程序和细则，以保证设计验证活动正确、顺利地进行。

4.3.1　法规要求与解析

条例第二十七条、HAF601 第二十二条、HAF003 及其导则等均对设计验证提出了管理要求。法规对于设计验证人员和设计验证方法提出了明确要求，民用核安全设备活动单位应按照法规要求建立书面的设计验证控制文件，并对设计验证人员进行授权，规定采用不同设计验证方法的条件，并在设计验证过程中严格执行程序规定。

4.3.2 控制措施

常用的设计验证方法有三种：设计审查、其他计算方法和鉴定试验。设计活动单位应规定何种情况采用何种设计验证方法，并保证设计验证由未参与原设计的人员或小组进行，且用正式文件形式给出设计验证结果。

具体控制措施要点如下：

（1）设计验证方法：

① 常用的设计验证方法有：设计审查、其他计算方法、鉴定试验；责任设计单位至少应确定使用其中一种方法；有必要使用多种设计验证方法时，应对所使用的每一种方法作出说明。

② 确定使用不同设计验证方法的原则以及设计验证方法的控制分类。

③ 由设计活动承担者确定设计验证方法。

④ 在确定特定设备的设计验证所使用的方法或方法组合时，责任设计单位应考虑其对安全的重要性、设计的复杂性、标准化程度、技术状况及与过去已被证明设计的相似性。

（2）设计验证一般由设计单位进行，并保证参加设计验证的人员能够胜任，且未参与原设计活动，他们应有权限查阅全部有关资料；对特定设计领域的验证也可以由另一单位完成。

（3）若一个特定设备的设计与已按要求验证过的设计完全相同，则无需进行重复验证；但在每次采用标准设计或采用已验证设计时，必须比较有关的设计输入，验证这些设计是否可用；对已验证过的设计作变更时，应对变更的部分进行验证，并就变更对整个设计的影响作出评价。

（4）对设计验证工作的结果，应作详尽的记载，以便在完成设计验证后对验证方法进行监督或监查，以证实该过程已正确完成；设计验证文件应采用严格的编审批流程。

（5）设计审查要点：

① 设计审查可在责任设计单位内，由经过授权的人员承担，或由包括责任单位在内的多个设计单位共同完成。

② 设计审查可以针对特定文件、方法、结果进行有限的审查，也可以通过正式会议由专家组对整个设计过程进行详细的审查；审查的深度可以根据设计活动及其不同质保分级要求来确定；一般的管理性审查、营运单位或上级主管部门进行的粗浅设计审查或未经资格确认人员所做的评价或会议纪要等，均不能等同于设计审查。

③ 设计审查应涵盖的主要内容包括：设计输入是否正确、设计中所必需的假设是否合理且作出适当的说明、所采用的设计方法是否恰当且遵守规定的设计标准、设计输入是否正确应用于设计中、是否遵守设计过程控制要求、设计输出是否合理、是否在正式文件中为接口单位规定了必要的设计输入和验证要求。

④ 设计审查结果应恰当地形成文件；设计审查结果必要地反映在设计的变更或纠正中，且形成文件。

（6）使用其他的计算方法进行设计验证时，应采取成熟的方法，这些方法可以比较简单或不太严格，结果不要求完全相同，但应当相符；并应审查所使用的计算方法、假设、设计输入数据以及计算机程序的适用性。

（7）鉴定试验的要点：

① 采用试验验证方式进行设计验证时，应保证鉴定试验使用原型试验件；试验应在受验证具体设计特性的最苛刻工况下进行，当不能在最苛刻工况下进行试验时，应确定鉴定试验工况外推的条件，保证外推工况可以验证具体设计特性。

② 在鉴定试验只用于验证一种设计特性时，应采用其他试验或其他方法验证其他设计特性。

③ 应编制书面鉴定试验大纲，鉴定试验大纲应规定或引用设计文件中所规定的要求和验收限值。

④ 鉴定试验的先决条件包括：经培训的人员、标定过的仪表、合适的设备、试验设备的状态完好、待试验物项齐备、适当的环境条件、科学合理的试验大纲和数据采集措施等。

⑤ 鉴定试验的结果应形成文件，由责任设计单位进行评价，以保证满足试验要求。

（8）设计验证中发现的问题和设计缺陷，验证人员应如实记录在验证报告中，并提交至原设计者或设计部门进行处理；设计验证后，对原设计的修改应形成文件，并对修改的部分重新进行验证。

4.3.3 审查关注点

审查过程中重点关注如下内容：

（1）是否有正式文件规定使用不同设计验证方法的原则、对设计验证方法的控制以及对所使用设计验证方法的详细描述。

（2）实际的设计项目中，是否按照文件规定进行设计验证，包括是否进行验证，验证的具体范围，设计验证方法的选择，设计验证过程控制以及设计验证结果的记录等。

（3）从事设计验证人员的单位是否合理，验证人员是否具有独立性。

（4）若选择设计审查作为设计验证方法：设计审查的内容是否完整，审查深度是否合理，审查结果是否恰当地形成正规文件，审查结果是否应用于设计中。

（5）若选择使用其他计算方法作为设计验证方法：所使用的计算方法是否合理有效，验证结果如何。

（6）若选择鉴定试验作为设计验证方法：所完成的鉴定试验是否满足相关标准要求，能否完整验证所有设计特性，是否编制合理的鉴定试验大纲，实际执行的鉴定试验过程是否严格按照试验大纲进行，鉴定试验结果是否完整有效。

（7）设计验证中发现的问题和设计缺陷，是否得到妥善处理。

4.3.4 案例解析

案例：某单位设计审查不符合要求。

事件描述：

抽查 A 单位某核级产品的《设计审查报告》，发现其设计审查活动中未按照核电营运单位 B 规定的核级产品管理要求任命设计审查专门小组组长。

原因分析：

A 单位大纲和程序中设计审查人员控制要求与核电营运单位 B 要求不一致，经核实，A 单位在项目执行过程中并未消化吸收上游设计要求，而是采用公司惯例进行设计审查的审批。

纠正：

（1）修订项目设计审查控制要求，并规范地按照核电营运单位要求开展设计审查。

（2）开展设计人员培训，要求设计人员在开展设计活动时，充分消化上游设计要求，持有质疑态度并增强责任意识。

（3）举一反三，排查其他项目是否存在类似问题。

经验反馈：

鉴于本案例，建议民用核安全设备活动单位开展如下经验反馈工作：

（1）设计过程应充分消化吸收项目要求，并将其转化为书面文件，在项目执行过程中严格实施。

（2）应重视设计验证中的设计审查工作，设计审查不同于普通的管理性审查，需要有相应设计经验和技术能力的专家参与，才能保证设计审查活动的专业性和合理的审查深度，保证设计审查的有效性。

4.4 设计变更

设计变更可能在发生设备经设计批准后的制造、安装、调试、运行等各个阶段，通过设计变更可对已批准的初步设计文件、技术设计文件或施工图设计文件进行修改、完善或优化。

4.4.1 法规要求与解析

HAF601 第二十二条规定民用核安全设备活动单位在设计活动中，对设计变更应当采取与原设计相当的控制措施。

HAF003 及其导则规定，民用核安全设备活动单位必须规定设计变更的要求，并形成文件；必须仔细地考虑变更所产生的技术方面的影响，所要求采取的措施要用文件记载；设计变更必须采用与原设计相同的设计控制措施；必须把有关变更的资料及时发送到所有有关人员和单位。

4.4.2 控制措施

设计变更包括核安全设备活动单位在设计和制造阶段发生

的设计变更，以及安装和运行单位在现场出现的设计变更，设计变更也涉及对设计接口的控制，对设计变更的具体控制措施要点如下：

（1）承担设计管理工作的部门，必须制订并实施设计变更要求，规定设计变更的提出、编制、审核和批准相关要求。

（2）设计变更应保证采用与原设计相同的质量控制和过程控制方法，以确保变更的有效性和完整性。

（3）设计单位的设计变更文件的编、审、批人员应是原设计文件的编、审、批人员；对于指定其他单位进行设计变更审核和批准的特殊情况，应确定指定责任者及指定方法。在指定其他单位时，应保证：

① 该参与单位或部门能胜任相关具体设计领域的工作。

② 该参与单位或部门已经掌握了背景材料，并对原设计的要求及意图足够了解。

（4）在进行设计变更时，应说明变更原因，引起变更的因素如：鉴定试验、运行前试验或运行试验的结果、制造期间的问题、安装期间的问题、设备或设备部件不能满足其功能要求、不符合项的处理、核安全法规或其他要求的变更、运行经验、设计改进等。

（5）变更相关设计文件时，应考虑对其他设计文件带来的影响，如有要求采取措施，应文件记录。

（6）设计变更文件包括：设计变更申请及其审批单，设计变更图纸或变更的技术规格书等，设计变更文件中应记载设计变更时所考虑的因素和采取的技术措施。

（7）对设计变更文件进行控制，保证把有关设计变更质保文件和背景材料及时分发到全部有关责任者；保证在分发变更质保文件时，同时回收应替换的原设计输出文件，防止使用过时的或不合适的设计文件。

4.4.3 审查关注点

审查过程中重点关注如下内容：

（1）是否在文件中明确了设计变更控制要求，相关要求是否满足法规要求并合理可行。

（2）实际的设计变更活动是否严格符合要求，变更是否有效。

（3）设计变更文件是否齐全、符合要求且有效受控。

4.4.4 案例解析

案例：某单位设计变更未得到有效控制。

事件描述：

A 单位某核级设备模拟件制作过程中，设计阶段由于进行材料替代，材料尺寸有变更，但在焊接工艺卡中未作相应变更；进一步核查已完工文件，发现设计图纸未执行设计变更。经核实，由于图纸未变更，机加工尺寸错误，零件加工不符合设计变更要求。

原因分析：

（1）A 单位设计变更发生后，设计人员并没有按照变更内容及时升版图纸，也没有将设计变更传达焊接工艺人员，导致设计变更生效后，相关设计输出文件没有同步更新。

（2）机加工人员并不知道发生过设计变更，按照原图纸进行加工。

纠正：

（1）根据设计变更升版图纸。

（2）根据图纸要求，重新进行零件尺寸加工。

（3）排查所有设计输出文件，对设计变更相关的文件（含焊接工艺卡）进行修订或升版。

（4）对人员进行设计变更和设计接口相关的培训工作，加强人员责任意识。

经验反馈：

鉴于本案例，建议民用核安全设备活动单位开展如下经验反馈工作。

（1）重视设计变更，对设计变更的控制形成明文规定，并要求相关人员有效执行。

（2）加强对设计人员和相关接口人员的培训，确保设计变更控制措施落实，保证产品质量。

4.5　本章小结

本章阐述了设计输入输出、设计接口、设计验证和设计变更的控制要求。民用核安全设备的设计关系到设备产品的质量和可靠性，直接影响核设施的安全运行，是民用核安全设备活动中不可忽视的关键一环，必须严格加强对设计活动的质量保证。只有在正确、高质量的设计基础上，才有可能制造出高质量的可靠的设备。

第五章　采购质量保证要求

民用核安全设备活动单位作为核行业链条中重要一环，采购是其质量保证体系不可或缺的一部分。不只物项和服务的质量重要，采购活动本身的质量也很重要。民用核安全设备活动单位应加强采购过程管理，提高采购质量，同时对民用核安全设备的零部件、成品、半成品等物项进行管理，确保产品符合要求。

5.1　采购物项与服务的控制

核电项目采购质量管理，是对施工前实施有计划的、系统的质量管理，向采购方提供充分质量信任，确保合同规定范围内采购的物项满足合同规定要求，为核电站安全和可靠运行提供保证，并确保质量保证体系持续、有效运行。

核电项目采购质量管理在项目执行中具有强制性，项目管理者对所承担工程与服务质量负全面责任，并对核电项目质量管理执行结果负最终责任。项目管理者将严格要求提供与安全和质量有关物项和服务的分供方，都必须严格遵守合同和核电项目质量管理规定，必须按标准及程序要求，做好项目风险分析和预防，对所执行的与质量、核安全有关各项工作进行有效控制。对与核安全和质量有关物项和服务的各项采购活动，都必须根据事先制订的程序和计划，认可的规范和标准，由合格的人员，使用适当的设施、设备或工器具来完成。

5.1.1　采购活动

采购活动包括原材料、辅料、标准件、外协件、包装材料、配套件、设备、工器具等的物项采购。为了确保核电产品的质量，须对上述采购活动进行全过程控制。对采购活动的控制包括从提出采购要求开始，直至物项或服务验收为止的全过程。

5.1.1.1　法规要求与解析

条例第二十四条规定民用核安全设备设计、制造、安装和无损检验单位，不得将国务院核安全监管部门确定的关键工艺环节分包给其他单位。条例第七章针对违反采购活动规定的情况制定了不同程度的罚则。

HAF003 及其导则规定，民用核安全设备活动单位必须制定措施并形成文件，以保证在采购物项和服务的文件中包括或引用国家核安全监管部门的有关要求、设计基准、标准、技术规格书以及为保证质量所必需的其他要求。

法规对采购活动提出如下要求：

（1）制定采购控制文件；

（2）采购文件应符合相关的技术要求、质保要求等；

（3）对采购技术要求应包含的内容进行分析，确保采购质量；

（4）国家核安全监管部门发布的不能分包的关键工艺不能作为采购项。

5.1.1.2　控制措施

一个完整的采购活动主要包含采购控制文件、采购计划、采购技术要求、供方评价、合同的签订与评标、买方的验证活动、采购中的 NCR、物项或服务的验收等环节。

采购方必须根据质量保证大纲的要求形成采购控制文件，对采购活动的计划制定、执行、监督等活动进行有效的控制。

采购要求必须包括（但根据情况不限于）下列方面：

（1）供方承担的工作范围的说明；

（2）条例、规范、标准、程序、细则及技术规格书等文件对物项或服务所规定的技术要求；

（3）试验、检查和验收要求以及任何有关这些活动的专用细则和要求；

（4）当需要到源地进行检查和监查时，为此目的而进入供方设施、查阅记录的规定；

（5）确定适用于物项或服务采购的质量保证要求和质量保证大纲条款。并不要求所有的供方都要有符合本规定所有条款的质量保证大纲，但采购文件必须根据需要的程度，要求供方提出符合本规定有关条款的质量保证要求和大纲条款；

（6）确定所需要的文件，例如编写并提交买方审核或认可的程序、细则、技术规格书、检查和试验记录以及其他质量保证记录等；

（7）有控制地分发、保存、维护和处置质量保证记录的规定；

（8）对不符合项处理进行报告和批准的要求；

（9）把有关的采购文件要求扩展到下一层次供方的规定，包括买方便于进入设施和查阅记录的规定；

（10）提交文件限期的规定。

在采购活动开始前采购方应制定采购计划，采购计划中应明确要求采购的具体物项或服务的实施主体、实施方式、完成时限等。

对采购物项或服务制定的采购文件都应受到控制，使采购文件正确、适用，以确保所购物项或服务达到预期的质量目标。采购文件至少应包括：供方工作范围的全面说明；需满足的技术要求；质量保证要求；买方介入的权利；供方提交资料的要求（内容和期限）；不符合项控制的要求；对供方的控制要求等。

合格供方的评定根据物项和服务的分类（重要物项及服务、一般物项及服务、辅助物项）采取不同的方式进行，经评定合格的供方列入合格供方名单。民用核安全设备活动单位需根据质保大纲的要求定期或不定期地进行供方资格的复评工作。

在合同的签订与评标过程中，买方必须为评价投标的质量及签订合同制订成文制度；买方必须制订工作程序以保证招投标符合采购文件的要求；要有专业化的人员参与招投标；签订合同前，买方必须排除评标中发现的不可接受的条件或得到排除此种条件的书面承诺。

为了控制和验证供方是否严格履行采购文件要求，履行其在合同中的承诺及承担的责任，买方需对供方履行采购文件要求的情况进行必要的监督和评价。买方必须制定和实施用于验证活动的程序，由受指派从事校核、检查、见证或监查供方工作的合格人员完成，买方的验证活动并不减轻供方自行验证质量已达到要求的责任。

买方和供方必须在各自的责任范围内制订用于识别、管理和处理不符合采购要求的文件、物项和服务的程序并形成文件，根据该程序组织相关部门对不符合项的产生原因和处置方案进行审查，验证纠正措施的执行情况和效果。

5.1.1.3　审查关注点

采购单位必须满足国家核安全监管部门的相关规定，关键技术及工艺不得分包。对于采购项目，采购单位应按照核质量保证要求进行有效控制，供应商应持有有效的资格证书，且为采购单位合格供应商。

审查过程中重点关注以下内容：

（1）是否建立书面的采购控制文件；

（2）所编制的采购文件是否齐全、合规；

（3）是否根据采购控制文件的要求进行采购活动的全过程控制；

（4）所编制的采购文件是否齐全、合规；

（5）是否明确注明对供方不符合项的管理要求；

（6）采购过程的记录管理是否符合要求；

（7）采购服务的内容是否符合核安全监管要求。

5.1.1.4 案例解析

案例：某单位采购文件缺少质量保证要求。

事件描述：

国家核安全局对某单位进行综合性检查时发现，该单位核一级材料采购文件中缺少质量保证方面的要求。进一步核实采购文件控制程序，发现程序中明确提及采购文件中应包含质量保证要求。

原因分析：

（1）采购文件编制人员接受过大纲和程序文件培训，实际工作中并未严格按照采购要求开展工作；

（2）采购文件审核和批准流于形式。

纠正：

（1）严格按照法规程序要求编制采购文件并加强原材料采购过程的管理，对核一级部件的采购增加对采购方质量保证方面的要求，确保所采购物项在整个生产过程中都得到有效的质量控制；

（2）举一反三，排查其他项目是否存在类似问题，如有，及时进行跟踪处理；

（3）对采购文件编制人员开展警示教育培训。

经验反馈：

鉴于本案例，建议民用核安全设备活动单位开展如下经验反馈工作：

（1）民用核安全设备活动单位必须认真学习、深入贯彻、严格遵守国家的法律法规和各项管理要求。敬畏核安全，遵守核安全法律法规，脚踏实地认真做事，切忌自作聪明，投机取巧；

（2）民用核安全设备活动单位需加强采购管理工作；

（3）将此次事件纳入民用核安全设备活动单位经验反馈计划，录入经验反馈数据库，组织相关人员培训学习，杜绝类似事件重复发生。

5.1.2　供方选择与评价

供方选择和评价主要是对供方提供产品或服务的能力进行预判，确保产品质量可靠性。

5.1.2.1　法规要求与解析

HAF003 及其导则要求民用核安全设备活动单位按照采购要求选择合适的供应商，根据实际情况，对供方的评价应包括：

（1）对能表明供方以往类似采购活动质量的资料的评价；

（2）对供方新近的可供客观评价的、成文的、定性或定量的质量保证记录的评价；

（3）到源地评价供方的技术能力和质量保证体系；

（4）抽检产品进行评价。

法规要求民用核安全设备活动单位在进行供方选择和评价时，应满足如下要求：

（1）应当建立供方评价与选择制度；

（2）必须对供方进行评价，且给出评价所包含的基本内容和结论。

5.1.2.2 控制措施

民用核安全设备活动单位应根据质保大纲的要求制订并实施供应商资格评价和选择程序，规定原辅材料、零部件、包装材料、外协加工和服务等供方的选择准则和评估方法，确保采购的物项和服务符合要求。对供方进行控制，控制程度和方式一般取决于所提供的物项和服务类型、该物项和服务对最终产品质量的影响以及供方的以往业绩。

选择和评价供方的方法包括：供应商基本资料评价；供应商以往类似物项供货或提供服务的质量记录；源地评审供应商技术能力和质保能力，抽查类似产品的质量；样品的首件检验等。民用核安全设备活动单位需从选择、评价供方的工作中逐步建立和完善合格供方清单，为每个供应商建立档案并长期保存，并将合格供方清单分发给相关部门。

民用核安全设备活动单位应根据机构设置和职责分工，组织相关部门和人员对所有合格供方进行定期评价；应根据其质量状况对供方采取相应的措施，并对供方的整改进行相应的跟踪记录，及时调整供方清单。

5.1.2.3 审查关注点

审查过程中重点关注如下内容：

（1）在大纲及大纲程序中是否规定供方选择和评价的要求，并按照要求开展供方选择和评价工作；

（2）是否根据大纲的要求建立合格供方清单，并在合格供方清单目录内进行采购；

（3）供方履行合同过程是否进行验证和评价；

（4）对供方质量管理有关活动是否进行相应的监查。

5.1.2.4 案例解析

案例：某单位供方评价不符合要求，采购控制不到位。

事件描述：

国家核安全监管部门对 A 单位进行综合性检查时发现该单位供方评价和复评不充分。A 单位的分包商 B 出具的水质检测报告仅包含电阻率和 pH，而氯离子、氟离子、悬浮固体、SiO_2 等含量为 1～2 年的检测周期，不符合 RCC-M F6610 中检测周期不能超过一星期的要求。

原因分析：

（1）分包商 B 只能检测水的电阻率和 pH，A 单位评价分包方能力时未能全面有效地进行评价，评价结论未能识别出分包商 B 的检测能力；

（2）A 单位采购文件要求符合 RCC-M F6610，但是未对分包商 B 出具的水质检测报告进行认真审核。

纠正：

（1）选择有能力的分包商，重新进行水质送检；

（2）排查所有使用该水进行试验的核级设备，重新采用满足要求的 A 级水进行试验；

（3）排查分包商评价资料，补充评价资料不充分的供应商，剔除不合格供应商，更新合格供应商清单。

经验反馈：

鉴于本案例，建议民用核安全设备活动单位开展如下经验反馈工作：

（1）民用核安全设备活动单位必须认真学习、深入贯彻、严格遵守国家的法律法规和各项管理要求。敬畏核安全，遵守核安全法律法规，脚踏实地认真做事，切忌自作聪明，投机取巧。

（2）民用核安全设备活动单位需改进分包商管理制度，严格审查分包商供应资质。

（3）民用核安全设备活动单位需进一步加强分包商物项和服务验收工作。

（4）将此次事件纳入民用核安全设备活动单位经验反馈计划，录入经验反馈数据库，组织相关人员进行相关学习培训，杜绝类似事件重复发生。

5.1.3 采购物项和服务的验收

采购物项和服务的验收是检验供应商履约的重要手段，判断项目合规性的重要标准，也是约束供应商的有效方式。

5.1.3.1 法规要求与解析

HAF003 及其导则要求民用核安全设备活动单位必须对所购物项和服务进行控制，控制包括由供方提供质量客观证据、对供方进行源地检查和监查以及物项和服务的交货检验等措施；如有必要必须在双方同意的地点设置样品库，提供进一步检验的条件；对于采购相关的文字数据也应有效管控。具体要求如下：

（1）物项和服务的验收方式；

（2）试验的保存与验证要求；

（3）验证文件的真实性。

5.1.3.2 控制措施

为了控制和验证供方是否严格履行采购文件要求，履行其在合同中的承诺及承担的责任，采购方需对供方履行采购文件要求的情况进行必要的监督和评价。具体监督和评价工作将按成文的要求进行。

采购方将按规定的范围审查供方工作程序及工作中产生的文件和记录以验证供方是否偏离合同规定或所作的承诺，如有不符合，采购方需和供方一起根据责任范围审查、处理出现的不符合，包括采取必要的纠正措施，并跟踪和评价纠正措施实施情况。

可采用的物项验收方法有确认合格证书、收货检查、源地验证、安装后试验等或他们的某几种组合方法，不管采用何种方式必须检查并确认供方提供的合格证书。

（1）检查和确认合格证书。

合格证书是指必不可少的证明供方按合同要求提供了合格物项的文件记录等文字材料，包括材料合格证书、试验报告、检验报告等。这些文字材料还应包括供方签发的质量合格证书，合格证书原则上应随物项一起在交货时提交采购方。采购方在确认收货之前，应指定专门人员对物项的合格证书进行检查和确认。

（2）收货检查。

收货检查是指在适当的场所，采购方对所收到物项的某些特征（如几何尺寸、物理特性、化学特征）、标识、清洁度、外观包装等进行的验证活动。收货检查时还需检查随附文件是否符合合同要求。

（3）源地验证。

源地验证是指在供方设施内见证或观察其活动，以查明供方的工作是否遵守和满足采购文件要求。对重要、过程复杂、交货后难以验证其质量特性的物项应采取此方法。

（4）安装后试验。

安装后试验是指物项安装后开展验证其功能是否满足规定要求的试验，此类方法适用于安装前难以验证其质量特性的物项。民用核安全设备活动单位需制定验收计划、组织合格人员进行试验验收工作。

服务的验收应包括：

（1）对供应商服务结果的质量数据进行技术验证；

（2）对供应商的服务活动进行检查、监视、监查；

（3）对证明质量的文件或记录进行审查来验收服务的质量是否符合采购文件的要求；

（4）使用物项验收的任何一种适用方法。

5.1.3.3 审查关注点

审查过程中重点关注如下内容：

（1）采购方是否根据质量保证大纲要求建立书面的物项和服务验收要求；

（2）对重要、过程复杂、交货后难以验证其质量特性的物项是否组织合格的监督人员到供方现场对其工作情况进行监督，保证物项质量受控；

（3）对核电厂紧固件等大宗材料是否按照国家核安全监管部门要求进行物项验收。

5.1.3.4 案例解析

案例（1）泄漏检测用发泡剂厂家提供第三方检测报告涉嫌伪造。

事件描述：

2020 年 6 月 2 日至 6 月 4 日，国家核安全监管部门对某核电机组安装单位 C 安全壳钢衬里施工进行专项检查。检查过程中，检查人员根据其他项目的经验反馈，重点对无损检验用辅材厂家提供的第三方检测报告真伪性进行了查询，在抽查真空检测用辅材——发泡剂厂家出具的《分析测试报告》（批号：20191226）时，发现报告涉嫌伪造。

《分析测试报告》上显示，送检单位为A；报告出具单位为B；分析要求是：氯、氟、硫的含量；分析者：罗某。

2020年6月4日上午09：50左右，安装单位C项目部同该机组能源及监理单位相关负责人共同对真空泄漏检测发泡剂分析测试报告（报告编号20191226）的内容进行核查、辨认，报告中分析者签名章模糊；10：10左右，通过电话查询方式对该份报告中送样单位、出具单位、样品名称、批号、送样日期、分析者姓名进行了查证，报告出具单位B反馈未查到该份报告，并了解到出具报告时间内分析人员罗某已退休。

随后检查人员要求提供，该机组核电现场使用的所有批次由B单位出具的发泡剂分析测试报告。经核实，目前现场由B单位出具的发泡剂分析测试报告有两批次，批号分别是：20190222、20191226。批号为20190222分析测试报告也涉嫌伪造。

事件调查过程：

（1）安装单位C程序建立、执行情况。

安装单位C建立了《物项验收管理B版》（043-IIIHZZ-JY）程序，程序中规定了核电项目工程所使用物项进场后的检查验收、取样和委托流程，对现场实体材料物项进场时，所供产品质量证明文件及检测报告等资料真伪性做出了规定，经核实，现场实体用材料在编制物项验收单时，对相应资料真伪性进行查询，并在“检测报告真伪性核查情况”一栏对查询情况进行描述。如发现进场物项与实际需求、软件资料、标准要求、技术参数不符，及检测报告作假情况，立即采取纠正处理和隔离退换。

查看技术规格书，技术规格书中未规定发泡剂进场验收要求。

安装单位C项目部程序未对辅材等非工程实体用材料检查范围、复检比例、资料真伪性查询等做出明确要求。

（2）发泡剂厂家供方评价情况。

查看 2020 年一季度《公司合格供方名册》（设备），A 属于安装单位 C 的合格供方，资格有效期截止到 2021 年 8 月 12 日。供货分包服务范围是：无损检测设备、材料。

发泡剂主要用于真空泄漏无损检测，属于消耗性辅材。按照工程公司要求，非工程实体用材料不需上报工程公司进行供方评价。

（3）发泡剂进场验收。

① 发泡剂属于辅助性材料，咨询公司等上游单位不参与验收，只进行内部验收。

② 发泡剂进场后，对产品数量予以清点，查验产品有效期，对真空泄漏检测发泡剂的起泡效果进行验证，并将发泡剂第三方检验报告存档，未对报告真实性进行核实。

（4）现场检测前对比试验。

在每班/次真空泄漏检验作业前，根据技术规格书要求，检验人员均使用 HWB 型真空检漏试块（漏孔孔径 0.05 mm）对起泡剂灵敏度性能进行校验，在校验结果满足标准要求的前提下开展实体检测活动。

（5）发泡剂使用部位排查。

通过查看无损检验委托单委托日期，批号 20190222 的发泡剂主要用于钢衬里（碳钢）真空检测，此批次于 2020 年 5 月 12 日已经使用完毕。技术规格书中碳钢 F、CL、S 含量无要求，故未对现场实体工程质量造成影响。批号 20191226 的发泡剂于 2020 年 5 月 19 日开始用于不锈钢真空泄漏检测，经核实，使用了 20 瓶。技术规格书中不锈钢中氯和氟含量的和为 200 mg/L；硫含量为 200 mg/L。

纠正：

（1）立即停止现场不锈钢覆面焊缝真空泄漏检验工作。对核电现场使用的发泡剂使用部位进行排查，其中批号 20190222 的发泡剂全部用于钢衬里，批号 20191226 的发泡剂部分用于不锈钢。

（2）立即对在用的 WJ-1 型真空泄漏检验发泡剂（批号 20191226）开展四方（监理公司、工程公司、咨询公司及安装公司）见证、取样以及送检（见图 2）。检测结果（氟小于最小检出限 10 μg/g，氯 50 μg/g，硫小于最小检出限 10 μg/g，见附件 1）符合标准要求。

（3）立即启动无损检验其他相关辅材排查工作。2020 年 6 月 5 日对所有磁粉、渗透检验耗材第三方分析测试报告真伪进行核实。经与 B 核实，渗透套液（显像剂 HD-T 批号 20180321；清洗剂 HR-T 批号 20180322；渗透剂 HP-T 批号 20180320；显像剂 HD-T 批号 20190822；清洗剂 HR-T 批号 20190823；渗透剂 HP-T 批号 20190821）及黑油磁悬液 HN-BO 批号 20180530 测试报告均为真实报告。

原因分析：

（1）无损检测用辅材进场验收，未对厂家提供的第三方检测报告真伪性进行验证；

（2）核安全文化意识不足，“质疑的工作态度”理解不深；

（3）对未形成工程实体用辅材验收进场存在经验主义，防造假意识不足；

（4）技术规格书、项目部程序制度中，未对辅材等非工程实体用材料检查范围、复检比例、资料真伪性查询等做出明确要求。

经验反馈：

鉴于本案例，建议民用核安全设备活动单位开展如下经验反馈工作：

（1）应加强行业人员在核电项目执行过程中的责任意识，杜绝经验主义、形式主义；

（2）应持有质疑的工作态度，提高防造假意识，注重原辅料的验收；

（3）对核电施工现场用原辅料的验收，应制定明确要求，做到凡事有据可查；

（4）应加强供应商战略合作意识，提高供应商对核电的敬畏感、责任感。

案例（2）：渗透材料检测报告中有害元素含量不一致。

事件描述：

2021 年 8 月 20 日上午，某检测公司 A 员工钱某在项目准备工作中反馈：检测公司抽检的供应商 B 提供的渗透剂（批号为 210108）第三方元素分析测试报告（以下简称“测试报告”）中“Cl：257.6 μg/g”，超出规范要求，且与 B 提供的测试报告中“Cl：未检出（小于最小检出限值 10 μg/g）”不一致。经再次送检，测试报告中“Cl：332.0 μg/g”，因此，该批次渗透剂氯元素含量超标。

检测公司 A 发现该异常事件后，立即以口头和函件的形式向上级单位和国家核安全监管部门进行了报告，后续收到国家核安全监管部门的监管要求，集中在排查影响范围，对超标问题查明原因并采取改进措施，开展设备影响评估等方面。

监管部门要求：

（1）排查 B 渗透检验耗材在核安全设备无损检验活动中的使用情况，查明影响范围；

（2）暂停使用 B 渗透检验耗材（如有），并委托第三方检测机构开展相关检测，如存在超标问题应查明根本原因并采取改进措施；

（3）对已使用 B 渗透检验耗材开展无损检验的核安全设备，开展设备影响评估，并将相关情况通告采购方。

事件后供应商 B 源地调查：

1. 源地调查概述

2021 年 9 月 2 日，检测公司组织相关人员赴 B 进行源地调查，调查方法主要有：现场实地调查耗材生产过程、查阅相关生产记录、与生产技术人员访谈。

源地调查中发现的主要问题：

（1）第三方元素分析报告的对象（半成品原液）与最终产品不一致，且半成品原液在后续生产环节存在受到污染的风险，导致产品质量未知；

（2）核级渗透剂的多个生产环节存在管理制度缺失，如缺少生产容器及管道的清洗流程和标准、产品批号设置规则等；

（3）部分生产原始记录不完整、不准确，无法追溯渗透剂生产的环节，如缺少生产线混用部分的清洗记录。

2. 焊缝、部件排查结果

氯元素超标增加不锈钢材料的腐蚀敏感性，经排查，受影响的不锈钢焊缝 473 道、部件 16 个。

事件原因：

1. 直接原因

验收人员在验收工作中未按要求核实抽检报告测试数据，导致氯元素超标未发现。

2. 间接原因

（1）质保部门未发现验收制度的设计缺陷；

（2）监督人员敏感度不足，未对验收中的重要质量风险点“核对检测数据与验收标准的符合性”进行独立复验；

（3）管理责任未落实，管理巡视未关注验收重要质量风险点，未能有效督导员工工作质量；领导层未健全和落实安质环责任制的考核。

3. 根本原因

（1）B 在渗透剂罐装过程中清洗工艺控制无效，导致氟元素含量超标；

（2）B 送检的样品为半成品（原液），导致此第三方测试报告未真实反映最终产品的氯元素含量；

（3）耗材采购管理要求存在不足；

（4）耗材验收管理程序未将自行送检检测结果作为验收过程的一个在线环节进行设计，而是离线行动，也未具体指出“核对检测数据与验收标准”的关键质量风险点要求。

纠正：

（1）排查核实已使用该批次渗透剂的检验对象清单，对已进行的渗透检验工作的准确性和灵敏度是否受影响。

（2）排查该供应商B历次产品元素合格证明和既往产品质量史。

（3）对使用该批次渗透剂的焊缝部件持续追踪，出具焊缝、部件影响测试及评估报告。

（4）优化耗材验收流程及相关记录，将复验自行送检的第三方元素分析报告纳入耗材到货验收流程；明确耗材验收质量监督关键点；在源地评审中加强关键工艺过程的检查和验证；增加耗材现场使用前的核对环节，明确现场对耗材管理的具体核对项目和记录。

（5）对后续采购耗材的产品质量证明的出具逻辑进行核实，杜绝以原料、半成品的元素分析报告作为最终产品质量证明的情况出现。

经验反馈：

鉴于本案例，建议民用核安全设备活动单位开展如下经验反馈工作：

（1）加强质量保证体系运行的完整性、有效性和适用性；

（2）鼓励员工持有质疑的工作态度，对体系运行过程中存在的问题及时反馈、跟踪和处理；

（3）加强供应商管理，增强供应商对核电的敬畏感、责任感。

5.2　物项控制

物项控制的范围包括对原辅材料、标准件、外协件、配套件以及在制的零部件和成品、半成品等物项的标识控制，装卸、贮存和运输的控制；对设备维护和管理，以及清洁度控制。

物项控制是核电站建设的物质条件，是工程质量的基础。物项控制的各个环节都必须严格遵守法规和质量保证大纲的规定，避免因没有做好事前控制而造成物项的返工或报废。

5.2.1　材料和零部件的标识

材料和零部件标识贯穿于民用核安全设备制造的始终，加强制造阶段材料和零部件的标识管理，对保证设备制造质量有着重要作用。

5.2.1.1　法规要求与解析

HAF003 及其导则规定民用核安全设备活动单位必须按照制造、装配、安装和使用要求，制定物项（包括部分加工的零部件）标识的措施，防止物项被误用或错用，当物项发生转移时，必须保证物项的可识别，具体控制要求包含：（1）标识方法；（2）标识内容；（3）标识的可移植性。

5.2.1.2　控制措施

标识用来鉴别物项，标识所示的信息可表示物项的类别、型号、身份，也可表明物项所处的状态。为了防止使用不正确的或有缺陷的物项，从原材料、标准件、外协件、配套件进货开始，包括整个加工制造过程，直至产品包装出厂都须按物项标识控制程序对标识进行控制。

民用核安全设备活动单位应有专门的组织和人员负责原辅材料、标准件、外协件、配套件、工器具和设备到货标识的检查；对进入车间的原材料、标准件、配套件、外协件以及在制的半成品、成品以及检验状态标识进行设置，尤其要注意对因加工而必须去除标识的情况应进行标识移植，确保每个物项都有明确且适当的标识。

相关部门和人员在实施物项标识时须将零件号、系列号、型号等适用的标识方法直接标识在物项上或记载在可追溯的物项记录上，进行标识时应尽最大可能进行实体标识，在实体标识有困难或不够充分的情况下，可采用挂标签、实体分隔、程序控制或其他适用的方式作补充。物项标识所对应的文件或记录应在整个加工制造过程中随时都能查找到。

重要材料、零部件的识别标志应正确记载在文件（如图纸、技术规格书、采购文件、制造和检查文件、偏离报告以及工厂的物理和化学试验报告）中，以便查阅。

5.2.1.3 审查关注点

审查过程中重点关注如下内容：

（1）不符合项是否进行明确且清晰的标识（最好采用实物隔离的方式进行区分）；

（2）待验收物项、待检验物项、合格物项等是否根据质量保证大纲的要求进行标识；

（3）在加工过程中标记是否进行了合规的移植；

（4）物项标识所对应的文件或记录在整个加工制造过程中是否能和物项一一对应。

5.2.1.4 案例解析

案例：某单位物项控制不到位。

事件描述：

国家核安全监管部门对某单位进行综合性检查时发现该单位原材料、半成品及成品物项控制不到位。现场检查时发现原材料库账、卡、物不一致；机加工车间多批铸件无标识，且存在未按程序要求进行标记移植、标记丢失等问题。

原因分析：

该单位未严格按照法规要求进行物料进出库记录，且未能对车间现场的物料进行规范、有序的管理，存在现有程序文件未执行到位的情况。

纠正：

（1）严格按照法规程序要求加强原材料库及制造过程中的物项管理，对现场核级物项进行逐一清点核实，确保账、卡、物一致；

（2）做好物料的领用，确保物料的储存、保管、发放和回收等过程均得到有效控制；

（3）对无标识物项进行标识，防止零部件误用或错用；

（4）加强制造现场的巡检和人员的培训。

经验反馈：

（1）民用核安全设备活动单位必须认真学习、深入贯彻、严格遵守国家的法律法规和各项管理要求。敬畏核安全，遵守核安全法律法规，脚踏实地认真做事，切忌自作聪明，投机取巧；

（2）民用核安全设备活动单位需根据产品特点和实际情况，改进原材料管理，仔细记录核级原材料的进出库记录；

（3）民用核安全设备活动单位需进一步落实加工过程中的标记移植工作，确保标记不随着机加工的进行而丢失；

（4）将此次事件纳入民用核安全设备活动单位经验反馈计划，录入经验反馈数据库，组织相关人员进行学习培训，杜绝类似事件重复发生。

5.2.2 物项装卸、运输与贮存

物项制造过程中，需要在不同的工位、库房之间流转和贮存。

5.2.2.1 法规要求与解析

HAF003 及其导则，对民用核安全设备活动单位在制造过程中物项的装卸、运输和贮存提出明确要求，具体包含内容为：（1）建立书面的文件要求；（2）结合材料特点，对材料和零部件采取应有的防护措施；（3）对操作人员开展培训，确保其按要求操作。

5.2.2.2 控制措施

为了确保物项在装卸、贮存、运输过程中不致受损，这类作业的人员必须遵循包装、运输、贮存的要求。

进行装卸作业时须控制的事项有：环境条件（场地条件、温度、清洁度等）；工作作业条件（吊装点、重心、尺寸等）；特殊防护措施（包装物、填充物、防下落、撞击措施）；设备、器材（起重设备、吊具、装卸工具等）合格性；人员合格性（培训考核、上岗资格等）等。

物项贮存作业时须控制的事项有：环境条件（温度、湿度、清洁度等）、入库、出库、发放、使用和回收制度、包装、场地条件、防护措施（防潮、防火、防腐蚀等）、贮存记录和台账、人员合格性、定期检查制度等。

物项运输作业时须控制事项有：吊装及运输工具；运输线路；包装、清洁度及防护措施；缓冲件、填充物、捆扎定位；随行文件及记录；人员合格性等。

上述控制事项的确定并在实施中予以检查和验证是为了确保在进行装卸、贮存、运输作业时都由合格的人员使用合适的设备和工具，按照既定的程序文件进行作业，防止物项损坏、变质或丢失。

5.2.2.3 审查关注点

审查过程中重点关注如下内容：

（1）是否制定书面文件要求，包括对物项进行装卸、贮存和运输管理的要求，防止物项的损伤、变质或丢失；

（2）对特殊设备规定并提供专用的覆盖物、装卸设备和保护环境，并验证这些措施的实施情况；

（3）物项装卸、贮存和运输管理过程是否符合程序或制度的要求。

5.2.2.4 案例解析

案例（1）：某单位焊材库管理不规范。

事件描述：

国家核安全监管部门对某单位进行综合性检查时发现焊材库中焊材的有效期管理和存放存在问题：

（1）非核级焊材标识区的两种焊材记录中“有效期”分别是：无过期（不得用于产品）、无（长期），但是没有对应的管理要求；

（2）该库房存放的焊材原本均是核级焊材，现改变为非核级焊材使用，但该单位目前缺少核级焊材变更为非核级焊材使用的相关规定；

（3）同样规格的焊材分别标识为核级焊材和非核级焊材，均存放在一级焊材库，存在误用的风险。

原因分析：

（1）焊材库管理未得到充分重视，焊材管理规定不完备，焊材有效期、焊材级别变更、焊材存放库房管理等均未得到有效控制；

（2）焊材库管理程序中关于焊材管理制度不完备。

纠正：

（1）技术部焊接工程师与生产部对非核级焊材的有效期限要求进行明确；

（2）制定核级焊材降为非核级焊材的要求，对焊材库管理人员进行培训；

（3）技术部与生产部将对不同类别焊材的隔离进行协商，使用物理隔离避免误用。

经验反馈：

鉴于本案例，建议民用核安全设备活动单位开展如下经验反馈工作：

（1）民用核安全设备活动单位必须认真学习、深入贯彻、严格遵守国家的法律法规和各项管理要求。敬畏核安全，遵守核安全法律法规，脚踏实地认真做事，切忌自作聪明，投机取巧；

（2）民用核安全设备活动单位需加强焊材管理，仔细记录核级原材料的有效期。对核级及非核级焊材的存储尽量采用物理隔离的方式；

（3）将此次事件纳入民用核安全设备活动单位经验反馈计划，录入经验反馈数据库，组织相关人员进行相关学习培训，杜绝类似事件重复发生。

5.2.3 物项维护和场地管理

物项在装卸、运输和贮存过程中，民用核安全设备活动单位应根据设备特点进行维护，并对物项进行标识和分区管理。

5.2.3.1 法规要求与解析

HAF003 及其导则对民用核安全设备活动单位活动相关的主

要零部件和原材料等重要物项提出要求：（1）场地分区管理；（2）物项分级管理；（3）制定规章制度，确保物项在各个制造阶段和各个不同场地得到有效控制。

5.2.3.2　控制措施

为确保安全重要物项保持或不低于原有的质量水平，必须对原辅材料和成品进行必要的维护；同时，对于经检验和试验为合格品的核电成品，必须采取正确的防护措施，以保证其不遭受损坏或污染。这些维护包括标识、搬运、包装、贮存和保护。

为了防止核电产品（特别是不锈钢产品）在制造过程中受到有害元素的污染，并且得到满足规定要求的清洁度，民用核安全设备活动单位需制定相应的场地管理规程。在核电产品制造过程中，需依据相应规程对场地环境和整个制造过程进行严格的控制，以确保核电产品的质量。

5.2.3.3　审查关注点

审查过程中重点关注如下内容：

（1）民用核安全设备活动单位必须制定并实施适当的措施、使场地管理工作能按规定要求进行；

（2）不同等级的“清洁区”对出入人员的穿着、行为等方面有不同的要求；

（3）需要编制成文的制度，明确责任单位，并对实施状况进行检查。

5.2.3.4　案例解析

案例（1）：某单位物项管理和场地维护不规范。

事件描述：

国家核安全监管部门对某单位进行综合性检查，发现：

（1）现场有多处不锈钢产品放置在碳钢平面或地面上，没有隔离；

（2）现场放置的成品在渗透检验后没有及时清理残留渗透剂；

（3）现场不锈钢半成品存在多处油渍、脚印、焊渣等。

原因分析：

（1）在不锈钢产品制造过程中物项维护不到位；

（2）相关人员责任心不强，未按程序要求作业。

纠正：

（1）对员工进行质量意识教育和程序文件培训；

（2）要求员工严格按《不锈钢设备制造质量控制程序》要求作业；

（3）加强员工监督考核和现场巡视。

经验反馈：

鉴于本案例，建议民用核安全设备活动单位开展如下经验反馈工作：

（1）民用核安全设备活动单位必须认真学习、深入贯彻、严格遵守国家的法律法规和各项管理要求。敬畏核安全，遵守核安全法律法规，脚踏实地认真做事，切忌自作聪明，投机取巧。

（2）民用核安全设备活动单位需加强现场管理，对有清洁度要求的场地严格执行文件要求，并对现场管理人员进行授权管理。

（3）将此次事件纳入民用核安全设备活动单位经验反馈计划，录入经验反馈数据库，组织相关人员进行相关学习培训，杜绝类似事件重复发生。

5.3　本章小结

本章梳理了法规对采购控制和物项控制的要求，通过对法规条文的解析，对采购活动及物项管理提出指导意见及审查关注点，同时通过案例对采购控制和物项控制失效的情形进行了举例与剖析。

第六章　制造过程质量保证要求

制造是按照设计的要求，结合制造阶段的技术标准，完成质量合格的产品。设备制造阶段的主要工艺过程、检验试验过程以及不符合项的处理过程，都必须满足相应的技术标准和质保要求。

6.1　工艺过程控制

设备在制造过程中，会涉及各种工艺，如铸造、锻造、弯制、焊接、热处理、无损检验等，必须按照相应的规范和技术条件进行相应工艺过程控制，以保证核安全设备质量满足相关技术要求。

6.1.1　法规要求与解析

核安全法、条例和 HAF601 均对核设施中用到的核安全技术及特种工艺人员进行了规定。核安全法第十条提出民用核安全设备活动单位应持续开发先进、可靠的核安全技术；核安全法第三十七条、条例第二十五条均提出对进行焊接、无损检验的相关人员进行资格考试。

条例第二十四条要求民用核安全设备活动单位，不得将国务院核安全监管部门确定的关键工艺环节分包给其他单位。民用核安全设备焊工、焊接操作工和无损检验人员在民用核安全设备焊接和无损检验活动中，应当严格遵守操作规程。

HAF601第二十二条至第二十三条、第二十七条对工艺过程控制和特种工艺人员提出了更加细化的规定，《民用核安全设备无损检验人员资格管理规定》（HAF602）和《民用核安全设备焊接人员资格管理规定》（HAF603）是专门对特种工艺人员（无损检验人员和焊接人员）制定的管理规定，这里不再详述。

HAF003及其导则对于民用核安全设备活动中所使用的影响质量的工艺过程提出控制要求，民用核安全设备活动单位应制定相应的管理和技术举措确保工艺过程满足人机料法环的质量要求：（1）制定相应的工艺规程文件；（2）工艺人员应具备相应的资格条件；（3）控制工艺装备；（4）监督检查工艺过程。

6.1.2　控制措施

对民用核安全设备设计制造安装和无损检验过程中所使用的影响质量的工艺过程必须进行控制。一般来说，这些工艺过程要预先制定作业程序。作业程序中包括实施该工艺过程的技术、质保、人员、操作安全和场地环境等五方面的内容。

当所达到的质量取决于所用的工艺，且不能通过对成品的检查来验证时（例如在焊接、热处理和无损检验中所使用的工艺），必须根据有关的规范、标准、技术规格书、准则的要求或其他特殊要求，制定一些措施并形成文件，以保证这些工艺由合格的人员、按照认可的程序、使用合格的设备并按相应标准来完成。特殊工艺过程（例如铸造、锻造、焊接、表面处理、热处理、涂漆、电气端接、电气绝缘的浸渍和无损检验等）中任何一个环节失控都会直接影响最终产品的质量，所以必须对特殊工艺进行全过程控制，严格控制每个工艺操作。

通常采取如下控制措施：

（1）特殊工艺过程应由考核合格的人员在适当的环境（场地）

使用合格的设备、严格按照工艺评定形成的工艺规程进行。

（2）应对工艺过程（或工序）进行监督，以确保特殊工艺过程的正确进行和产品的质量。

（3）必要时应在工艺过程的实施过程中制作相应的见证件。

（4）对于现有规范、标准、技术规格书和准则尚未包括的工艺或质量要求超出这些文件的情况，必须对人员资格、程序或设备的鉴定要求另行作出规定。因此，对这类工艺应预先做工艺试验和评审，并且对人员资格、所用程序或设备的鉴定附专门要求。

（5）对于参与工艺过程的装备，必须制定相应的程序进行管理。按要求进行装备的鉴定、维护、维修及保养，以使得装备的性能能够满足工艺的需要。

（6）对于参与工艺过程的人员，国家有资质要求的，应持有相应资质，国家无资质要求的，参照行业资质要求，从事核电项目的工艺人员须由民用核安全设备活动单位授权。

（7）进行工艺试验或工艺评定策划，按照计划、有步骤地进行工艺试验或工艺评定。只有在工艺试验和工艺评定合格的基础上，才能编制出适用的工艺指导文件。

（8）对所制造部件和产品的质量有影响的活动必须编写程序和工作细则。这些文件的内容必须能为全部有关人员所理解并正确使用，文件中至少包括诸如车间工艺流程卡、焊接程序、无损检验程序、清洁条件和环境控制程序等管理办法。

（9）对控制制造工艺有辅助作用的专用设备，诸如工具、模具、夹具或专用检查量规在使用前必须经过检查或鉴定，且必须在有关的程序或工作细则中确认其应用。

（10）质量计划。

要为部件和产品在相应工作进度的最初阶段制订质量计划。计划中应列有制造和验收中应进行的所有工艺、程序、工作细则、试验和检查的流程图或工序表。质量计划中必须注明制造厂、国家核安全监管部门和（或）采购方的停工待检点，在已采取所要求的停工待检行动并产生和接受文件证据之前，不得进行超越停工待检点的工作。这些计划还应指明必须预先通知的、附加的见证点。质量计划一般由有关技术部门编制，质保部门参与审查，经责任部门人员批准后发布。

质量计划中应包括的内容：

① 概况：电厂（或项目）名称、部件名称、买方及文件号、核安全级别、质保等级。

② 按生产流程逐一列出制造操作、检查和试验的工序表，确定全部待加工和检查的物项并列入计划中。

③ 确定各制造操作、检查或试验必须遵循的程序、工作细则、标准（或适用的特定部分）（上述文件应列明版本号，对于版本号不确定的可留白待到执行此工序时由指定人员填写）。

④ 标明从事检查和试验的单位（制造厂、买方、独立检查机构或其他单位）。

⑤ 标明所有停工待检点和见证点（在停工待检点上，未经设点部门代表签字确认已采取了所要求的行动并产生和接受文件证明之前，不得进行超越停工待检点的工作）。

⑥ 每一种检查或试验需编写的记录类型（如无单独记录栏可将文件编号填写在备注栏）。

质量计划的执行：

① 在其执行之前是产品制造的工作计划，同时也可作为该计划所涉及的产品的检查大纲。

② 在其执行过程中是一份跟踪文件。

③ 质量计划完成后，必须作为质量保证记录保存，作为完工资料的一部分。

6.1.3 审查关注点

民用核安全设备活动单位应制定有效的管理程序和文件，加强特种工艺管控，保证由合格的人员、按照认可的程序、使用合格的设备来完成，建立并运用有效的管理措施使各组织间相互协作、高效运转，确保设备制造目标的顺利实现。

为了保证物项的制造质量符合法规、规范、标准的要求，民用核安全设备活动单位应按照大纲的要求，对制造工艺过程进行控制。大纲必须规定对待制造产品采购文件的审查，规定制造中适用的法规、规范、标准和其他要求，并根据需要，在图纸、技术条件、质量计划和工作细则中标明相应的要求。

（1）前期准备。

① 在开始制订物项制造计划之前，待制造的产品所需的图纸、技术条件已充分确定。

② 程序和工作细则已编制完成，相关要求已明确，所用工器具已到位。

③ 在产品制造的初始计划阶段，必须考虑的因素。至少包括：

a. 交货期长的物项采购。

b. 由供方完成的加工量，如成形、热处理、部分机加工或装配分组件等。

c. 为满足要求和达到产品质量所必需的清洁条件和其他环境控制。这些控制可能包括无尘或惰性气氛、湿度控制、温度控制、特种水化学等。

d. 设计人员规定必须进行的试验和检查以及为控制产品质量认为必须做的试验和检查。

e. 在制造、检查和试验中新技术、新工艺的采用。

（2）焊接工艺的控制。

① 焊接工艺评定：焊接工艺评定试验完成后应编制焊接工艺评定报告，经有关部门批准后作为编制焊接工艺规程的依据；每种类型的材料、焊接方法及对应的主要可变焊接工艺参数必须经过评定；焊接工艺评定结果在企业之间不可转让。

② 焊接人员：焊接人员必须经过培训考核取得相应资质，并经技能评定考核合格者方能承担相应的焊接工作；如果焊接人员在焊接生产中出现重大质量事故，必须重新进行培训与考核；考核合格的焊接人员，民用核安全设备活动单位应给予每人一识别标识，如某一字母或号码，以便识别其所能从事的工作；焊工技能评定对应于一定的焊接条件而言，如焊接方法、接头形式、母材类型、填充金属、材料厚度和焊接位置等。

③ 焊接过程：

焊前应验证焊接工艺评定是否符合要求；焊工资格是否合适；焊接设备是否处于标定有效期内；是否已备好必需的焊接工艺文件，如焊接工艺卡、产品见证件清单（必要时）等。

焊接准备工作必须检查，如焊接坡口准备、清洁条件、焊材是否合格、保管是否符合规定要求等。

焊接过程中应验证是否按工艺规程进行操作，如预热温度、层间温度、焊接参数的控制，并做好各项记录。

焊后如需进行热处理，必须按规定进行。焊后的质量检验应按规定进行。如有产品见证件时，应加强对见证件焊接过程的验证及检验结果的验证。

当检查结果发现焊缝存在不能接受的缺陷时，允许用机械方法去除缺陷，然后按原要求进行补焊并检查，补焊次数按有关文件规定，一般不得超过两次。

（3）无损检验工艺的控制。

① 无损检验规程和工艺：针对产品的某种无损检验方法，应

由相应方法及级别的人员编制和审核相应的无损检验规程和工艺。针对特殊的材料、产品，应由三级人员制定特殊的无损检验工艺，此工艺应经过验证并保存验证的全部记录，其验收准则也应由三级人员编制。无损检验规程和工艺应能覆盖目标产品的类别、范围、级别、厚度、材质等。

② 无损检验人员：经培训考核取得资格证书，从事与资格证书方法及等级相应的无损检验工作。对于无损检验人员资格证书，国家核安全监管部门统一发放二维码卡，无损检验人员可在系统下载电子版，并在工作中正确佩戴。

③ 无损检验实施：无损检验开始前应进行条件核查，包括无损检验规程和工艺卡是否制定、审核并批准；所用设备和试块等是否经过检定或校准并在有效期内；所用材料是否经过第三方检测并出具合格报告；无损检验人员的资格证书方法和级别是否覆盖拟从事项目并在有效期内；检验现场的温度、光照度等是否满足规定要求。

无损检验实施前的被检工件表面应满足相关要求，如检测面应清除油漆、焊接飞溅、铁屑、油垢及其他异物，表面的粗糙度要小于规定值，有去除余高要求的焊缝，应将余高打磨到与邻近母材平齐；保留余高的焊缝，如果会对无损检验的过程或结果造成影响，应做适当的修磨，并做圆滑过渡。

无损检验实施前，应对检验用仪器设备器材的外观进行检查，调试仪器设备并做好相关记录。无损检验仪器设备的复核要依据标准规定进行，如超声波检验探头、耦合剂和仪器调节发生改变时、怀疑扫描量程或扫查灵敏度有编号时、连续工作 4 h 以上时、工作结束时等。

无损检验后要进行后处理，特别是对于液体渗透检验的显像剂和渗透剂的清理、超声波检验的耦合剂的清理、磁粉检验的磁悬液和反差增强剂的清理及泄漏检验的发泡剂的清理。

无损检验结果的现场评判要严格按照标准的要求进行，如液体渗透检验的缺陷评定应在显像剂施加后的规定时间内（每个标准不一致，一般为 10～60 min）。检验发现缺陷后，如不能确定缺陷位置，应增加另外一种无损检验方法进行核实，以免误判造成缺陷挖补错误；检验规程和工艺应在检验实施前进行识别。

无损检验的原始记录要完整、规范并按规定保存。无损检验各方法均具有其局限性和优越性，应分析对于特定产品的无损检验方法选择是否准确，是否需要以某种方法为主某种方法进行补充。

6.1.4　案例解析

案例：某单位焊工违规补焊安全端焊缝。

事件描述：

2013 年 5 月 31 日晚，某单位无损检验人员对某项目 2 号机组反应堆压力容器（RPV）接管安全端焊缝及相关区域进行了渗透检验（PT），发现 6 个接管安全端焊缝存在缺陷显示。无损检验人员请示带班班组长后，决定先对显示做出标识，待次日书面记录后再向部门领导汇报。无损检验人员同时将显示情况告知当班助理工段长，口头要求助理工段长进行抛磨，并记录在交接班记录中。随后无损检验人员离开现场。助理工段长在未办理正常手续的情况下，当晚即要求打磨工和焊工对显示区域进行违规打磨和补焊。在打磨工对显示区域进行打磨后，焊工在不清楚工艺要求的情况下私自从焊材库拿取了 5 根 308L 不锈钢焊丝，对打磨区域实施了补焊，打磨工对补焊区域进行了焊后打磨。打磨和补焊未留下任何记录。

6 月 1 日，无损检验人员再次到达现场查看时，缺陷位置标记消失，无损检验人员自认为车间人员进行了轻微抛磨，遂再次进行了 PT，发现其中 3 个焊缝存在超标显示，单个线性缺陷尺寸最大达 9 mm。针对抛磨情况和两次无损检验缺陷位置差异等问题，无损检验人员未提出质疑，班组负责人也未主动报告违规补焊情况。

6 月 6 日，经再次检验确认，无损检验人员分别对存在超标显示的接管安全端焊缝和存在记录显示的 H1 接管出具了 PT 报告，并开启不符合项报告。在处理不符合项时，该单位会同监造人员对该 RPV 全部 8 个接管安全端焊缝进行了酸洗检查，发现有 6 个接管安全端焊缝存在多处明显补焊的痕迹，违规补焊的情况得以暴露。

经查，酸洗后发现共有 6 个接管安全端焊缝存在补焊痕迹，共 80 处，涉及安全端焊缝、安全端母材，补焊数量最多的 G1 焊缝补焊约 30 处，H3、G1 还分别有 1 处内壁补焊痕迹。该补焊过程无焊接记录、无焊接工艺及其他任何相关文件。

原因分析：

（1）事件发生的直接原因是 PT 检验人员在完成检验后，未立即对显示进行记录并出具报告；焊工严重缺乏质量意识，违反程序进行补焊。

（2）事件发生的主要原因是当班助理工段长缺乏基本的质量意识和核安全文化素养，重进度、轻质量，在交货进度的压力下违规指挥，擅自组织人员对接管安全端焊缝实施打磨和补焊处理。

（3）事件发生的间接原因是工段长置核安全、质量和诚信于不顾，有意庇护下属，在得知助理工段长组织实施违规打磨和补焊的情况后未及时报告，而是隐瞒了相关违法违规事实，严重影响了该单位的企业形象和信誉。同时，也反映了该单位在管理上存在漏洞，在没有领料单的情况下，随意出入焊材库，且均在焊材保管员不在岗时拿取和送回焊丝，焊材发放和回收记录不准确，无法准确反映焊材使用情况。

纠正：

（1）该单位结合此次事件在全厂范围内对所有岗位开展一次全员警示教育，提高对事件严重性的认识，提高全员的质量意识和核安全文化意识。同时对所有生产环节开展隐患排查，举一反三，针对发现的问题制定有针对性的整改措施并落到实处，杜绝此类事件的发生。

（2）该单位对相关程序进行修订，避免制度漏洞，如：进一步明确无损检验作业管理要求，要求工作完成后必须立即如实填写检验记录。组织生产、质检和质保部门分别制定报告制度，规范报告格式和内容要求，确保质量信息及时、准确、完整地传递。

（3）完成对各岗位说明书的细化，明确各岗位职责。同时针对不同工段的技术特点，对工段长的资格条件、技术能力等方面的要求做出明确规定，并对所有工段长完成一次岗位培训和考试，成绩合格者方能上岗。

（4）完善排班和交接班制度，除需要连续作业的工序（如自动焊、热处理、射线探伤等）以外，原则上核级设备的关键工序不得安排跨三班进行。加强监督力量，确保每个班次都有足够的质量监督人员。

（5）完成对焊材库的改造，杜绝焊材保管员之外的其他人员随意出入焊材库的情况。修订焊材发放和回收记录单，确保焊材使用准确。

（6）抽取一台即将发运的核岛主设备，对其中部分焊缝进行酸洗检查，以排查违规补焊的隐患。如果发现存在类似问题，立即扩大排查范围，对所有在制和已出厂的设备进行排查。

经验反馈：

（1）民用核安全设备活动单位应建立机制鼓励全体员工自由报告安全和质量相关问题，并且保证不会受到歧视和报复，对主动报告涉及安全或质量的制造隐患问题的员工应当进行奖励，而不是进行处罚。对于故意隐瞒工作失误的员工，应当进行严厉处罚。

（2）民用核安全设备活动单位应汲取该事件的经验教训，加强全员核安全文化、质量保证、过程控制、文件记录和焊材管理等方面的培训和监督检验，采取措施保证各工序环节有效实施。

（3）严格按照核质保和核安全文化要求开展核安全设备的制造活动，杜绝违规操作和违规补焊行为的发生。

（4）业主和采购单位应加强核安全设备监造工作，重视对设备制造质量过程控制及质保体系运转方面的检查。

（5）监管部门将加强对此类违规补焊行为的处罚力度，增加持证单位的违法违规成本，杜绝类似事件再次发生。

6.2　检查和试验控制

本节规定了对检查和试验控制的基本要求，主要包括四个方面的内容：检查，试验，测量和试验设备的检定或校准，检查、试验和运行状态的显示。这里的“检查”是指通过测量与检验、过程中监视（质量控制监督）和选监督点监督等手段，确定材料、零件、部件、系统及工艺和程序是否符合规定要求的活动。检查人员进行的“检查”工作是通过“检查”的方法“为了验证物项、服务和影响其质量的各项活动（工作）是否符合已形成书面程序、细则及图纸的要求”。若相关内容描述不充分，应引出并描述相应的大纲程序或执行文件。

6.2.1　法规要求与解析

条例第五条、HAF601 第五条均要求民用核设施营运单位对民用核安全设备进行检查、试验、检验和维修。

HAF003 及其导则对民用核安全设备活动单位的检查、试验、测量和试验设备的检定/校准等提出了纲领性的质量保证要求，这里不再详述。

6.2.2　控制措施

本节内容包括检查控制措施、试验控制措施、对测量和试验设备的检定（或校准）控制措施、检查、试验状态控制措施。

（1）对于检查必须进行控制并应采取下列控制措施：

① 对安全和质量重要的检查必须由未参与被检查活动的人员进行，这样，才能保证检查结果的客观性、公正性和置信度。

② 为进行这种检查，必须事先制定检查大纲和程序，并按照检查大纲和程序实施检查活动。

检查大纲应包括检查的项目和步骤，以及检查的方式。检查的项目必须包括对质量保证所必需的每一个工作步骤。

检查的方式：a. 对已加工完的物项作测量与检验。b. 如果不能对已加工的物项进行检查，或要求附加的工艺监视，大纲必须规定间接控制措施，例如通过对加工方法、设备和人员的监视、多媒体记录等。c. 当检查和工艺监视缺一就不能充分控制时，必须同时进行检查和工艺监视。d. 如果要求在停工待检点进行检查或见证这种检查时，必须在适当的文件（指“质量计划”）中注明这些停工待检点。未经指定的单位批准，不得进行停工待检点以后的工作。也就是说，在检查大纲或适当的文件（指“质量计划”）中注明监督点（停工待检点 H 点、见证点 W 点和文件审查点 R

点）。未经选点单位同意，不得开展 H 点之后的活动。

（2）对于试验必须进行控制，并采取下列控制措施：

① 必须制定试验大纲，以确定试验工作，保证其执行并形成文件，并按照试验大纲列出的试验项目进行试验。

② 试验大纲中必须包括：为证明试验设备能满足工作所需的所有试验，程序的鉴定试验以及设备的鉴定试验、模拟件鉴定试验等。

③ 对各项试验，必须预先制定书面试验程序，并必须按书面程序做试验。

④ 试验程序中必须包括：试验的先决条件；进行试验的人员应受过适当训练，试验设备已检定（或校准）合格和试验合适的环境条件等要求已满足；设计文件中规定的要求；验收限值等。

⑤ 试验结果必须以文件形式（一般包括试验记录和试验报告）给出，并加以评定，以保证满足规定的试验要求。

（3）测量、检验和试验中所用设备的特性参数将直接影响测试结果，如果检定（或校准）不正确的话，将直接影响对物项的测量、检验和试验结果的正确性。为此，要对测量、检验和试验用设备的检定（或校准）采取下列措施，以确保其经过正确的检定（或校准）：

为了确定是否符合验收准则，必须制定一些措施，以保证所使用的工具、量具、仪表和其他检查（检验）、测量、试验设备和装置都具有合适的量程、型号、准确度和精度。这就是说，对测量、检验和试验用的设备、装置、仪表、工器具、量具必须经标定合格后才能使用；而且应检定（或校准）其量程、准确度、精度等影响测试结果的特性参数的合格性。

为了使准确度保持在要求的限值内，在规定的时间间隔或在使用之前，对影响质量的活动中所使用的试验和测量（与检验）

设备必须进行标定和调整，即必须按照规定对测量（与检验）和试验设备进行定期标定，或者在其使用前进行标定。用作标定的参照基准和转换基准必须可追溯到公认的国家基准。在没有国家基准时，必须为所选用的标定标准提出可接受的技术依据。对测量（与检验）和试验设备的标定状态应作记录（如标定时间、下次标定的预定日期、设备状态以及标定的组织等）。

当发现偏差超出规定限值时，必须对以前测量（与检验）和试验的有效性进行评价，并重新评定已试验物项的验收。这就是说，当发现测量（与检验）和试验设备失准时，除了对该测试设备进行适当处理（例如重新标定、维修或报废等）外，还应采取下列措施：按照程序规定对以前使用该测试设备测量（与检验）和试验的结果的有效性进行评价，判断其结果是否符合要求；对评价后发现测试结果有问题或存疑的，必须对已测试物项重新进行测试。

必须制定控制措施，以保证适当地装卸、贮存和使用已标定过的设备。应制订测试设备的装卸、贮存和使用程序，以防止由于测量和试验的装卸、贮存和使用不当而失准或损坏。

（4）标识的控制方法。

为了将是否经过检查和试验以及经检查和试验后是否可接受或属于不符合项的物项区分开，必须对各物项的试验和检查状态进行标识，并应采取下列控制措施：

① 在物项实体上“标记、打印、标签、签条”。

② 将标记记入“工艺卡、检查记录”中。

③ 设置“实体位置”，即将同类的物项分别存放在规定的标识区内。

④ 其他合适的方法。

必须在物项的整个制造、安装和无损检验过程中按需要保持检查和试验状态的标识，以保证只能使用、安装已通过了所要求的检查和试验的物项。物项的检查和试验状态，一般分为“待检”“合格”“不合格”和“待确定”。

6.2.3 审查关注点

审查过程中应重点关注如下要求：

（1）民用核安全设备活动单位在试验开始前，是否提前制定书面试验程序，程序内容是否完备。

（2）是否以文件形式规定了试验记录和报告要求。

（3）是否对试验用装备和工器具进行了检定或验收。

（4）是否建立计量器具的管理程序和管理台账，明确各计量设备的检定状态。

（5）是否明确检查和试验状态标识。

6.2.4 案例分析

案例：某单位水压试验用水不符合要求。

事件描述：

国家核安全监管部门对 A 单位承制的某核级设备水压试验进行现场见证时，发现水压试验用水的表面存在大量油污和锈渣，不符合标准规范中 A 级水要求。经核查，水质分析报告由 A 单位当天出具，包括了氯化物离子、氟化物离子、二氧化硅等三个关键指标的检测结果，且结论为“合格”，而进一步核查表明 A 单位并不具备这三个关键指标的检测能力，也未委托其他单位进行检测，自行出具虚假报告。

原因分析：

（1）A 单位质量控制部门未识别出水压试验的相关标准规范和技术条件的规定和要求；

（2）水质分析部门和人员没有意识到产品水压试验的用水是要经过有资质的公司和人员进行检测分析，并对报告结果负责。

纠正：

（1）对水质分析部门和人员进行培训，加强人员对标准的理解；

（2）加强供应商管控，将水压试验用水委托有资质的检测机构进行检测。

经验反馈：

鉴于本案例，建议民用核安全设备活动单位开展如下经验反馈工作：

（1）加强人员对标准和技术要求的理解，培养专业技术过硬的团队；

（2）增强员工责任意识，了解核安全的特殊性，主动识别标准规范对不同级别设备水质的要求；

（3）加强大纲检查和试验控制，切实保障大纲运行有效性。

6.3　不符合项控制

由于种种原因（例如：工作文件或程序内容不合适、材料性能不合格等）使生产出来的物项的质量不可以接受，或不能确定可否接受，这种物项就称为“不符合项”。只有物项不符合才能成为不符合项，设计等服务的不符合要求只能称为“偏差”或“不符合”，不能称之为“不符合项”。

6.3.1　不符合项基本控制要求

民用核安全设备制造、安装和无损检验过程中，不可避免会发生不符合项，一旦发生不符合项，应采取有效的防控措施，开启不符合项处理流程，确保设备质量受控。

6.3.1.1 法规要求与解析

HAF003 及其导则规定民用核安全设备活动单位必须对不符合项进行控制，做好不符合项的标识和隔离，确保不符合项被发现后应第一时间采取控制措施，避免混用、误用、进入下一步工序、交货或安装。

6.3.1.2 控制措施

大部分不符合项是在检验试验阶段被发现的，一旦发生不符合项，民用核安全设备活动单位应采取如下控制措施：

（1）在车间或厂房规定地点进行分区设置，并规定不符合项的放置区域（如不合格区），不符合项发生后，及时将其转移到相应的区域，进行实体隔离；

（2）在不符合项上设置显著标识，如悬挂标签、做明显标记、张贴电子二维码等，相关的标识信息在不符合项处理过程中不能丢失、遗漏，直至不符合项关闭。

6.3.1.3 审查关注点

审查过程中，重点关注民用核安全设备活动单位对不符合项的隔离和标识是否清晰，是否可以有效防止不符合项误用、错用。

6.3.1.4 案例解析

案例：某单位不符合项隔离管控不到位。

事件描述：

在某单位现场检查过程中，审查人员发现该单位的某个核级零部件出现了不符合，但是对该零部件并没有进行实体隔离，也未悬挂不符合标识，且现场也未发现厂房分区标识。审查人员通过对该单位不符合项制度的审查，发现制度中明确规定：不符合项应放置在不合格区进行实体隔离，并悬挂不符合牌。

原因分析：

（1）不符合项制度制定初期进行了宣贯和培训，相关人员由于岗位调整，新入职人员并未精读制度要求；

（2）车间未按照要求进行分区控制。

纠正：

（1）车间按程序要求进行区域划分（如：合格区、不合格区、待检区等）；

（2）将不符合项放置在不合格区，并进行挂牌标识；

（3）举一反三，在厂区排查可能存在的不按制度执行情况或问题，及时上报处理；

（4）加强对人员的岗位培训，确保人员具备岗位技能和质保知识。

经验反馈：

鉴于本案例，建议民用核安全设备活动单位开展如下经验反馈工作：

（1）应加强人员岗位培训，增强人员对不符合项的认识，从思想上重视不符合项的隔离和标识要求；

（2）应对车间评定予以重视，主动理解和认识核安全的特殊性，确保现场工作条件与工作活动协调统一。

6.3.2　不符合项处理

不符合项发生后，必须采取相应的措施对不符合项进行处理。不符合项的处理流程一般为：标识和隔离、分类、审查、处置、关闭。

6.3.2.1　法规要求与解析

HAF003 及其导则规定，民用核安全设备活动单位必须按文件规定的要求对不符合项进行审查，并确定不符合项的处理方式，同时规定对不符合项进行审查的权限和对不符合项进行处理的权限。

6.3.2.2 控制措施

民用核安全设备活动单位必须制定书面的不符合项控制文件，文件中应规定不符合项的处理方式。为合理确定不符合项处理方式，必须对提出的不符合项处理方式进行审查，因此文件必须预先规定“审查的责任”和“处理不符合项的权限”。

不符合项的处理方式有以下四种：

（1）不加修改地接受（也称为“照用”）：当证实该不符合项不影响质量时，接受该物项并按原目的使用；

（2）返工：通过完善、再加工、再装配或其他纠正方法，使得不符合项符合原规定的要求；

（3）修理：是指把一个不符合项恢复到一种状态的过程，虽然在这种状态下该物项仍不符合原来的技术要求，但它可靠、安全地执行其功能的能力未受损害；

（4）拒收（或报废）：该不符合项不适合于原使用目的。

对于以“照用”或“返工”处置的不符合项，其技术上的可接受理由应形成文件。对于偏离设计要求的不符合项以照用或返工处置时，应受到与用于原设计同等措施的控制，必要的竣工记录应反映照用或返工的条件。

不符合项的处理，必须规定好各个相关部门的职责权限。首先，民用核安全设备活动单位应该规定开启不符合项的部门，以及不符合项处理的负责部门、跟踪部门、相关纠正措施验证部门等。若判定不符合项的原因为技术问题，应由技术部门负责处理；若判定不符合项的原因为管理问题，应由涉及的管理部门负责处理。若不符合项原因分析和处理时涉及的部门不止一个，应规定一个牵头负责部门，统一协调不符合项的处理进度。质量保证部门（或质量检验部门）一般作为不符合项开启、跟踪和纠正措施验证部门，推动不符合项处理工作的顺利进行。

发生不符合项之后，民用核安全设备活动单位必须对不符合项进行处理，并根据不符合项的分类和上报原则以书面形式向国家核安全监管部门或者买方上报。国家核安全监管部门根据监管要求、买方根据项目需要对不符合项的处理结果进行见证、审批或跟踪等，并以书面形式给出意见，直至不符合项处理满足相关要求后关闭。

不符合项关闭后，民用核安全设备活动单位应结合企业实际情况，对不符合项进行整理，根据经验反馈程序开展经验反馈工作，避免日后出现类似问题。同时，定期对纠正措施的执行情况进行跟踪验证，确保落实到位。

6.3.2.3　审查关注点

审查过程中重点关注如下内容：

（1）民用核安全设备活动单位对不符合项的处理方式是否清楚；

（2）在不符合项的处理过程中是否严格按照不符合项的处理方式进行处理；

（3）各部门在不符合项处理过程中的职责权限是否清晰；

（4）不符合项处理是否采取相应的纠正措施，纠正措施是否到位，是否能避免同类不符合项再次发生；

（5）针对不符合项是否开展了经验反馈工作，后续跟踪落实情况是否满足要求。

6.3.2.4　案例解析

案例（1）：某单位不符合项处理不到位。

事件描述：

A 单位向国家核安全监管部门申请民用核安全设备许可，试制模拟件的支架在抗震试验过程中产生裂纹，抗震试验中止，开启不符合项。A 单位经过对前期设计经验反馈排查，发现之前未发生过支架产生裂纹的情况。在不符合项最初处理过程中，A 单位通过经验分析，认为是支架设计时拐角圆弧设置不合理，造成应力集中，遂采取加大支架拐角圆弧的方式重新进行支架加工，之后直接将新的支架安装到模拟件中，重新进行抗震试验测试。审查人员认为 A 单位在抗震试验不符合项处理过程中，单纯凭经验进行原因分析，未深入发掘不符合项可能存在的问题，且模拟件的抗震分析报告（A 单位抗震分析报告由其服务方 B 完成）未进行支架应力分析，缺少数据支撑，不符合项原因分析不到位，未找到根本原因，要求 A 单位补充数据分析结果，并对支架原材料验收结果进行核实。

原因分析：

（1）A 单位在不符合项原因分析时，未深入分析可能存在的原因，没有完全排除所有可能存在的不符合因素，而是单纯凭经验开展分析；

（2）A 单位在不符合项处理期间，未深入排查原始设计文件，未考虑抗震分析过程中支架应力是否满足要求。

纠正：

（1）A 单位对支架原材料验收进行核实，确保原材料采购符合要求；

（2）核查原始设计文件，由服务方 B 在抗震分析报告中补充支架应力分析；

（3）分析支架拐角圆弧变化前应力变化情况，是否与之前支架裂纹情况相一致；

（4）排查所有可能存在的问题后，重新进行抗震试验。

经验反馈：

鉴于本案例，建议民用核安全设备活动单位开展如下经验反馈工作：

（1）在不符合项原因分析中，应深入分析原始设计和制造文件，考虑所有可能造成不符合项的原因，并逐一排查，确保所有影响要素都被考虑到；

（2）应加强与服务分包单位的沟通，确保传达设计关键因素和可能的薄弱点，对服务分包单位的报告进行形式审查，避免出现关键环节分析不到位的情况；

（3）应注重培养人员的技术能力，对企业自身和分包活动持有质疑的工作态度，避免问题重复发生。

6.3.3　不符合项上报与分类

民用核安全设备活动单位应制定向国家核安全监管部门上报不符合项的分类与原则，同时根据买方要求在项目质保大纲中制定向买方通报不符合项的分类与原则，目前，两种分类与上报原则有所不同。

6.3.3.1　法规要求与解析

HAF003 及其导则规定，民用核安全设备活动单位对已经接受的不符合要求（包括偏离采购要求）的物项，必须通知采购人员，必要时，向指定的机构报告。

截至 2022 年 12 月，国家核安全监管部门发布的监督管理要求将民用核安全设备制造阶段发现的不符合项分为一般不符合项、较大不符合项、重大不符合项三类并明确各类不符合项的上报要求。

项目执行过程中，民用核安全设备活动单位应该根据买方合同要求的不符合项分类和上报原则，建立项目不符合项控制程序。虽然我国核电已发展多年，但是我国各大核电集团并没有建立统一的不符合项分类和上报原则，而是各自保留了不同的不符合项分类和上报原则。

6.3.3.2 控制措施

民用核安全设备活动单位应当建立不符合项分类和上报机制，首先应根据国家核安全监管部门的管理要求，建立符合国家法律法规要求的不符合项上报和分类机制。

另外，民用核安全设备活动单位还应该建立符合自身工作实际的不符合项分类分级原则，目前应用较广泛的不符合项分类和上报制度如下：

内部不符合项：指民用核安全设备制造过程中不符合民用核安全设备活动单位内部制定的工艺规程、程序的要求，但满足法规标准和采购技术文件要求的不符合项。该类不符合项一般不需要上报买方，由民用核安全设备活动单位自行处理。

外部不符合项：指民用核安全设备制造过程中不符合法规标准或采购技术文件要求的不符合项。外部不符合项需要根据合同要求，报买方或上游设计单位，所用处理方案和后续跟踪验证也应该得到买方或上游设计单位的审查认可。

项目执行过程中，若营运单位（或者工程公司）对于项目自身有单独的不符合项分类和上报要求，民用核安全设备活动单位应按照合同约定，建立符合项目要求的《不符合项控制程序》并实施。

6.3.3.3 审查关注点

审查过程中重点关注如下内容：

（1）民用核安全设备活动单位对不符合项的分类和上报原则

是否清晰；

（2）在不符合项的处理过程中是否严格执行不符合项的分类和上报要求。

6.3.3.4　案例解析

案例：某单位供应商的不符合项分类和上报不符合要求。

事件描述：

在A单位民用核安全设备许可证延续申请审查过程中，抽查一份完工报告，其供应商B为其提供核级铸件的完工资料中存在多份尺寸不符合要求的不符合项，对不符合项报告审查发现：

（1）铸件尺寸检验报告存在不符合采购要求的尺寸，供应商B仅开具了一般不符合项（即内部不符合项），并自行处理，未报A单位审核，而该项目质量保证大纲规定“违反采购要求的零部件应开具较大不符合项，并报采购单位批准”；

（2）完工资料中未见不符合项处理后的铸件尺寸检查报告；

（3）A单位在核级铸件验收过程中并未对多份不符合项报告提出异议。

原因分析：

A单位及其供应商B在不符合项上报与分类过程中均存在过错：

（1）供应商B未落实项目质量保证大纲关于不符合项分类与上报的要求，错将违反采购要求的不符合项定义为一般不符合项（内部不符合项），并自行处理；

（2）供应商B文件控制不到位，未将不符合项的处理结果纳入完工资料中；

（3）供应商B未针对重复发生的尺寸不符合问题制定有效的纠正措施；

（4）A 单位供方管理不到位，原材料验收流于形式。

纠正：

A 单位和供应商 B 采取有效的纠正措施，就不符合项分类与上报开展专项纠正活动：

（1）供应商 B 系统梳理项目相关的铸件尺寸不符合项分析报告，严格按照项目质保大纲的要求对所有不符合项开展追溯性审查，查找不符合项的跟踪处理报告，并将情况报送 A 单位审批；

（2）供应商 B 严格落实不符合项文件归档管理和完工报告归档管理工作；

（3）供应商 B 应进一步排查其他项目执行情况，对排查情况进行通报；

（4）A 单位加强原材料验收和供应商管理，确保项目执行符合大纲要求。

经验反馈：

鉴于本案例，建议民用核安全设备活动单位开展如下经验反馈工作：

（1）应建立明确的不符合项分类和上报要求、文件归档管理要求，确保满足国家核安全法律法规和项目要求；

（2）应该重视大纲和程序文件的培训工作，确保员工建立遵法守法、按章操作意识；

（3）应加强采购控制管理，切实落实原材料验收和供应商管理工作，与供应商建立战略合作关系。

6.4 本章小结

本章从工艺过程、检验试验过程以及不符合项的处理三个方面对民用核安全设备制造阶段的质量保证要求进行了梳理，对于法规要求进行解析，结合审查实际对制造阶段质量保证要求提出具体实施措施，并举例分析。制造阶段关键工艺过程对设备质量有着一定影响，采取有效的工艺过程控制措施，在检验试验阶段进行验证对保证设备质量有着重要作用。针对制造阶段的不符合项，民用核安全设备活动单位采取有效的纠正措施，实施充分的经验反馈，有助于提升单位内部产品的质量和外部市场的信誉。

第七章　文件管理的质量保证要求

文件是指对于质量保证有关的活动、要求、程序或结果加以叙述、定义、说明、报告或证明的文字记录或图表资料。质量保证大纲的执行离不开文件，文档管理是质量保证大纲的一个重要方面。在民用核安全设备审查过程中，文档管理是比较容易产生不符合的要素之一，因此加强文档管理是实施质量管理体系的有效措施。

7.1　文件控制

文件控制应当建立、实施并保持相应的程序，规定文件发布前应由相关人员进行编审批，确保其充分性和适宜性；必要时对文件进行升版和更新，并重新编审批，确保对文件的更改和现行修订状态做出标识，确保使用者能得到适用文件的有关版本。随着现代化、智能化的发展，电子文档管理也成为质量保证大纲的重要组成部分。

质量保证大纲运行过程中，文件按照从属关系可分为内部文件和外部文件，按照保存介质可分为纸质文件和电子文件。

7.1.1　文件编审批

民用核安全设备活动过程中，任何一个环节使用的管理性文件和技术性文件都应经过编审批，编审批人员应具备相应的资历。

7.1.1.1　法规要求与解析

HAF003 及其导则对民用核安全设备的文件编审批提出明确要求：

（1）文件编审批要求必须明确；

（2）文件编审批的人员资格必须明确。

7.1.1.2　控制措施

民用核安全设备活动单位必须对民用核安全设备活动相关的所有文件（大纲、程序、细则、图纸、质量计划等）的编制、审核和批准进行控制，明确编审批人员和部门。

文件编审批人员应该熟悉文件内容，审批人员应该查阅文件背景材料，确保审批质量。一般大纲的编制由质量保证部门负责，各部门会签，本单位法定代表人批准；程序、细则及图纸由具体责任部门编制，质量保证部门和其他相关部门会签，对应副总或技术总工批准。

7.1.1.3　审查关注点

审查人员重点关注民用核安全设备活动单位现场所用的文件是否经过严格的编审批；电子文件和纸质文件编审批的要求是否合理；参与编审批的人员是否具有相应的资质和能力。

7.1.1.4　案例解析

案例：某单位文件编审批要求不规范。

事件描述：

在对某单位现场检查过程中，检查人员发现该单位技术文件审核人员为多个部门的负责人，且部分审核人员并不具备专业技术背景。经沟通，该单位的文件审批规定没有设置文件会签，所有关联部门均在审核栏签字。

原因分析：

（1）该单位的文件管理规定没有有效区分审核和会签，现行文件制度中没有设置会签栏；

（2）该单位大纲未列出职能分配表或其他职责分配文件，对于多部门联合发文，未系统梳理主责部门、相关部门和配合部门逻辑关系。

纠正：

（1）文件制度中增加文件会签管理规定，多部门发文由主责部门进行编写、审核，其他部门会签；

（2）建立明确的职责分配表或文件，明确大纲要素的主责部门、相关部门和配合部门。

经验反馈：

鉴于本案例，建议民用核安全设备活动单位开展如下经验反馈工作：

（1）应建立明确的文件编审批要求，定期进行文件评审，不断修改和完善文控质量，保证质保体系运行有效性；

（2）应充分利用现代化信息管理技术，实现体系运行“智能化”。

7.1.2 文件发布与分发

文件经过编审批后，应按照要求进行发布与分发，当文件升版或修订时，应在下发新版文件的同时回收旧版本文件。

7.1.2.1 法规要求与解析

HAF003 及其导则规定，民用核安全设备活动单位必须根据工作需求设置文件分发清单，有条件的情况下建立专用的文件发布和分发系统，确保参与活动的人员有渠道获取最新的有效文件。

7.1.2.2　控制措施

民用核安全设备活动单位应制定文件发布和分发要求：

（1）应预先确定文件分发清单；如文件使用人员发生变动，应及时修改分发清单；应规定文件的发布和分发系统（渠道），明确负责部门，不能随意发布和分发；

（2）文件应"受控分发"给相关人员；发新文件时，应及时回收原有的旧文件，并做好登记管理。

7.1.2.3　审查关注点

审查人员重点关注民用核安全设备活动单位所用文件是否有相应的发布和分发系统，使用人员能否及时获取文件最新版本，旧版本文件是否得到妥善处理。

7.1.2.4　案例解析

案例：某单位文件发布分发不规范。

事件描述：

某单位现场检查过程中，抽查其大纲和程序文件的发布分发记录，发现部分大纲文件未能正确回收，记录显示为文件丢失。审查组核查大纲文件管理规定，确认该单位制定了相应的文件发布和分发要求，且未发现新版文件实施后新旧版本乱用的现象。审查组进一步扩大抽查范围，发现档案室的文件回收记录中有部分文件未按照档案室规定按时归还，档案室也未按照程序规定督促相关人员归还文件。

原因分析：

（1）该单位文件管理制度并未规定文件丢失后应采取什么措施，相关人员发现文件丢失之后只记录了该事实，并未进一步对旧版本文件是否被误用进行跟踪，也未提出对管理规定进行完善；

（2）档案室管理人员未严格按照程序规定的文件归还时间督促相关人员，也未将相关情况反馈给部门领导，造成文件管理不畅；

（3）该单位年度监查并未发现文控管理中以上类似问题，监查覆盖面不全，未能发现体系中存在的问题；

（4）该单位管理部门评审时，相关部门并未提出类似文件管理问题，未重视文件管理失效可能带来的影响。

纠正：

（1）文件管理要求中增加文件丢失后应采取的措施；

（2）对文控管理人员进行培训，要求人员严格执行文件管理规定；

（3）对监查人员进行培训，并要求监查人员切实履行监查义务，发挥监查作用，实现监查意义；

（4）年度管理部门评审过程中，各部门应针对部门存在的问题进行梳理，识别大纲薄弱点，提出有针对性的大纲修改意见或建议。

经验反馈：

鉴于本案例，建议民用核安全设备活动单位开展如下经验反馈工作：

（1）应举一反三，进一步梳理体系运行中的风险点和薄弱环节，确保体系有效性、完整性和符合性；

（2）应注重人员责任意识的培养，强化管理层和员工的责任意识；

（3）应培养员工质疑的工作态度，注重体系工具的使用（如监查、管理部门审查），重视体系功能的发挥，保证民用核安全设备质量。

7.1.3　文件变更

文件由于某种原因发生变更，需要再次进行审核和批准。变更文件的审批人员应具有相应的资质，变更批准后的文件应按照文件管理要求进行发布和分发，并回收旧文件，防止误用。

7.1.3.1　法规要求与解析

HAF003 及其导则规定，民用核安全设备活动单位必须在文件控制程序中对文件变更的审批和发放进行明文规定，若文件审批人员发生变动，指定的审批人员和部门必须有权查阅文件背景资料，确保审批质量。

7.1.3.2　控制措施

文件变更控制应做到如下要求：

（1）变更文件必须严格按照规定的程序由原审批人员进行审核和批准，或者由专门指定的其他部门或者单位审核和批准；

（2）审批人员有权查阅作为批准依据的有关背景资料，并必须对原文件的要求和意图有足够的了解；

（3）变更文件要及时发放，并注意同时回收原有的旧文件，以防止使用作废的（过时的或不合适的）文件；

（4）编制文件的人员应对所编文件的完整性和适用性进行定期审查，发现问题及时变更（修改）。

7.1.3.3　审查关注点

审查人员重点关注民用核安全设备活动所用文件发生变更后，审核和批准人员是否有足够的权利获取原文件审核和批准的背景信息，审批后的文件是否及时下发到相应部门，是否得到恰当使用。

7.1.3.4 案例解析

案例：某单位鉴定试验大纲升版后未及时报送相关单位。

事件描述：

A 单位在模拟件试制过程中，审查组进行现场见证，发现试验单位 B 编制的试验规程依据中鉴定试验大纲（版次：3）与 A 单位提交给审查单位的鉴定试验大纲（版次：4）版本不一致。进一步核查，审查组发现 A 单位提交给审评单位的鉴定试验大纲（版次：4）也不是最新版本，A 单位现行鉴定试验大纲版本版次为 6。审评组要求暂停试验，评估最新版鉴定试验大纲对试验单位 B 开展的试验是否有影响。

原因分析：

（1）A 单位在模拟件试制期间进行了多次设计变更，但是并未将最新版大纲提交审查单位，也没有在试验前将最新版鉴定试验大纲发给试验单位 B；

（2）试验单位 B 没有在试验开始前与 A 单位再次确认试验要求；

（3）A 单位在试验开始前，认为试验单位 B 经验丰富，没有对试验单位 B 的试验规程进行审核确认；

（4）A 单位对审查工作不够重视，缺乏对核安全监管的高度认识。

纠正：

（1）A 单位应将模拟件制作期间发生的所有设计变更资料、最新版鉴定试验大纲发送审查单位审核，得到审查单位同意后方可开始下一步工作；

（2）A 单位应将最新版鉴定试验大纲（版次：6）与之前发给试验单位 B 的鉴定试验大纲（版次：3）进行对比，判断是否对试验单位 B 要开展的试验有影响，并评估试验可行性；

（3）A 单位应开展专项监查活动，重点关注设计控制、文件控制、接口控制、检查和试验控制等要素，采取针对性的纠正措施，并将监查报告提交审查单位。

经验反馈：

鉴于本案例，建议民用核安全设备活动单位开展如下经验反馈工作：

（1）应树立核安全敬畏意识，不论是模拟件试制还是核电项目执行过程中，都应严格履行报告和备案制度，接受核安全监管部门的监督管理；

（2）应该加强人员责任意识，充分发挥员工主动性和主人翁意识，确保工作顺利开展；

（3）应强化质量保证大纲运行，识别体系运行的薄弱环节（如文件控制）并采取针对性措施加以改进，确保民用核安全设备质量。

7.2 记录控制

记录是指为各种物项或服务的质量以及影响质量的各种活动提供客观证据的文件。本节规定了对质保记录控制的基本要求。质量保证记录是质量保证工作实施情况的客观证据以及出现问题时查阅的依据，因此，必须对记录进行控制，以保证质量保证记录的正确性和可追溯性。

7.2.1 记录编写

记录是民用核安全设备活动的第一手资料，不同阶段的记录都应保证其完整性和真实性。

7.2.1.1 法规要求与解析

HAF003 及其导则规定，民用核安全设备活动单位必须在质量保证大纲管理中编写足够使用的质量保证记录，并给出记录的样表格式。记录中必须有质量的客观证据，包括审查、检查、试验、监查、工作执行情况的监视、材料分析等的结果；工作运行日志以及与质量密切相关的资料，例如人员的考核、程序和设备的鉴定资料、需做的修理和其他有关的文件。所有质量保证记录都必须字迹清楚、完整、并与所记述的物项或服务相对应。

7.2.1.2 控制措施

民用核安全设备活动单位应在质量保证大纲中编写足够使用的质量保证记录样表，并在项目执行过程中填写相应的记录。记录中必须有活动相关的质量客观证据，包括审查、检查、试验等，例如人员资质、程序和设备的鉴定资料、所作的必要的修正和其他有关的文件。

在编制程序时，应充分考虑所需的记录样表并设计好记录样表格式和需填写的内容，样表一般放在程序的后面，并与程序的正文一起审批；也可以将记录样表与程序分开，单独形成一层文件。记录样表的引用和实施应避免出现不足之处，如：有的单位记录样表不适用；有的程序汇总要求填写的栏目在记录样表中没有列出相应的栏目，因而，造成实施这些程序时没有留下完整的记录，或随手记在笔记本上，而没有形成正规的客观证据。

对质量保证记录的填写要求包括：

（1）必须是质量的客观证据，即实事求是的记录，而不是为了满足质量标准的要求而弄虚作假的记录。

（2）记录必须字迹清楚，即字迹不能潦草，不能涂改，也不允许用白色的涂改液涂改后再写，必须修改时应该划改（即将错误部分划掉后，在旁边另写正确的，并签上修改人姓名和修改日期）。另外，档案要求填写应采用黑色签字笔，因此记录用笔不能是铅笔，推荐使用黑色签字笔，以便墨迹可以长期保存不褪色。

（3）记录的内容必须完整。即记录样表中应该填的内容都必须填写，如确实没有的，应该把该栏目划掉而不应该空着；记录的数据有计量单位的应填上计量单位；记录的编号、记录人和审核人的姓名等也必须填上和签名；记录中涉及到人员签名的要一一对应签名，不能几个连在一起签或签姓不签名；记录时间也应填写到年月日。

（4）记录必须与技术的物项或服务相对应，即记录的编号和内容应与所记录的物项或服务唯一关联，且可以迅速检索到。

（5）记录必须及时和正确地填写，即要将有关内容及时正确地记录，不允许追记，以免发生差错或遗忘；注意不要读错数据，或虽读对了但记错了。

近年来，大量的质保监查结果表明，质量保证记录不符合上述填写要求的情况时有发生，必须引起重视，确保规范地填写质量保证记录，以确保质量保证记录的正确性和可追溯性。

7.2.1.3　审查关注点

审查人员重点关注民用核安全设备活动单位所使用的大纲程序和第三层次文件是否配备相应的记录表格，表格内容是否完整，各岗位人员对于记录填写的要求是否完备，填写要求是否得到有效控制。

7.2.1.4　案例解析

案例：某单位模拟件试制过程中尺寸记录不规范。

事件描述：

A 单位在模拟件试制过程中，提交了模拟件制造过程中的多份尺寸测量记录。审查组审查过程中，发现部分记录填写存在如下问题：

（1）部分尺寸记录表的结论栏空白，A 单位未给出尺寸测量结果是否合格的结论；

（2）部分尺寸的测量记录精度与规定的尺寸精度不一致，如规定的尺寸精度为小数点后三位，实测尺寸数据只到个位，未保留小数点后数值。

原因分析：

（1）A 单位检验人员完成尺寸测量后，初步判断结论合格，忘记填写记录结论栏。

（2）A 单位未配备千分尺，检验人员无法通过测量达到小数点后三位的精度要求。检验人员自知没有符合要求的检验工具，未曾上报，自行降低了测量精度，用米尺进行测量并记录数据。

（3）质检人员进行了选点见证（R 点），但是并未发现尺寸检测记录中存在的问题。

（4）质保人员在整理完工报告时，也未发现尺寸检测记录中存在的问题。

纠正：

（1）A 单位应配备千分尺，确保检验设备满足民用核安全设备活动需要；

（2）应对检验人员开展专项培训，要求检验人员严格按照尺寸精度要求进行测量，若无法完成测量工作，应及时将相关情况上报，未得到上报批示前不得开展相关工作；

（3）应对质检和质保人员加强岗位培训和责任意识培养，确保严格把关。

经验反馈：

鉴于本案例，建议民用核安全设备活动单位开展如下经验反馈工作：

（1）民用核安全设备活动单位应加强记录控制管理，确保记录完整性、有效性；

（2）民用核安全设备活动单位应加强质保和质检人员责任意识，确保记录的有效控制；

（3）民用核安全设备活动单位应配备合适的测量器具，并由合格人员进行测量，确保精度符合要求。

7.2.2　记录的收集与管理

民用核安全设备活动单位应加强记录的收集与管理工作，应分别制定文件记录与胶片记录的贮存要求，并归类管理。

7.2.2.1　法规要求与解析

HAF003 及其导则规定，民用核安全设备活动单位必须制定书面的记录控制程序，内容包含：（1）记录的收集要求；（2）记录的贮存要求（含档案室的管理要求）；（3）记录的分类和保存时间要求。

7.2.2.2　控制措施

民用核安全设备活动单位，必须根据记录控制要求处置记录，具体如下：

（1）质量保证记录必须收集完整。程序应针对民用核安全设备活动不同阶段产生的记录收集要求予以明确，说明什么阶段产生的记录由什么人进行收集和保管。必须确保记录的符合性和完备性，避免活动完成后记录证据不充分。一般由产生记录的部门负责鉴别和收集记录后，指定时间交归档部门，归档部门负责按照质量保证记录要求验收，然后进行立卷、编入索引、归档、贮存、保管和处置等工作。

（2）记录贮存要求应明确，记录产生的责任部门应设置专门的记录贮存装置，归档部门应设置档案室对归档的文件和记录进行贮存。记录一般贮存在铁柜中，房间内要有防潮、防尘、防雨、防火、防霉、防虫、防盗、温湿度测量等措施；用特殊方法形成的记录，如射线底片、照片光盘以及那些对光、压力、温湿度、灰尘或磁场敏感的记录，应按照生产厂商推荐的、符合适用标准的方法进行包封和贮存。对某些试验材料和样品也应考虑其包装和贮存方面的特殊要求，建立试样库，配置需要的温湿度控制等措施。

（3）记录（含质量保证记录、有关的试验材料和样品）应做好分类。目前记录一般分为永久性记录和非永久性记录，建议如下：

① 需要全寿期保存的记录，一般为永久性记录。永久性记录一般包括：物项的维修、返工、修理、更换或修改得以进行的记录，确定物项发生事故或动作失常的原因的记录，如检验报告、试验报告、不符合项报告等。

② 对于不需要全寿期保存的记录，必须根据该记录的类别规定相应的保存时间，这类记录为非永久性记录。非永久性保存记录是为证明工作已按规定要求完成的，但又不需要满足永久性保存记录要求的记录，例如监查记录。

7.2.2.3 审查关注点

审查人员重点关注如下要求：

（1）应明文规定记录控制要求；

（2）应规定记录的种类和存放时间；

（3）应规定记录收集和贮存的要求等。

7.2.2.4 案例解析

案例：某单位档案室管理不规范。

事件描述：

在 A 单位现场综合检查过程中，发现其档案室存在如下问题：

（1）温湿度控制不符合档案室管理要求，现场查看部分档案文件存放盒已发霉；

（2）部分档案文件借阅未归还，档案管理人员并未督促借阅人员归还资料，且不清楚已借阅文件的状态；

（3）未建立完整的档案文件管理系统，档案室内文件不易查找。

原因分析：

（1）档案室管理人员不熟悉档案室管理规定，未参与程序相关培训，且自身工作意识不足，对档案文件存放盒发霉的情况并未及时上报领导，也未采取任何有效措施进行控制；

（2）档案室管理制度规定了文件借阅归还的日期，借阅人员和档案室管理人员均未有效履行相关要求；

（3）A 单位对于档案管理并未充分利用信息化手段，靠人工查找文件，未建立文件管理电子台账；

（4）A 单位年度监查报告中未见提及档案室存在的问题，年度监查存在漏项。

纠正：

（1）应加强档案管理人员岗前和岗内培训，确保其胜任相应的职责；

（2）应进一步排查所有涉核档案文件，对发霉或潮湿的文件及时采取措施；同时配备除湿机等设备，确保档案室温湿度满足要求；

（3）对于未如期归还的档案文件，应采取相应的措施，完善借阅记录；

（4）A 单位应建立文件管控系统，加强文件统筹管理；

（5）质保部门年度监查应涵盖所有要素，确保记录受控。

经验反馈：

鉴于本案例，建议民用核安全设备活动单位开展如下经验反馈工作：

（1）民用核安全设备活动单位应加强人员岗位培训，确保员工切实履行岗位职责；

（2）民用核安全设备活动单位应充分利用现代化、信息化的手段，建立职能档案管理系统，确保档案可控；

（3）民用核安全设备活动单位应充分重视监查在质保体系运行中的作用，确保体系运行有效。

7.3 本章小结

本章通过分析文件控制的要素，对民用核安全设备活动单位提出文件编审批、发布和分发的要求，并关注电子文件在民用核安全设备活动实施过程中的应用；通过对记录控制的分析，提出记录管理和保存要求，并举例阐述文件和记录管理不畅造成的影响。随着我国核电行业的发展，成熟技术越来越多，设备的质保分级对于文件和记录的保存和归档提出不同要求，民用核安全设备活动单位应结合设备质保分级要求，严格进行文件和记录控制。

第八章　大纲提升与改进的质量保证要求

大纲在运行过程中，必然伴随着法律法规和标准规范的升版、民用核安全设备活动单位自身管理水平的提升、核电行业的发展等，因此民用核安全设备活动单位需要定期或不定期对大纲的适应性、有效性等方面进行修订或升版，纠正措施、监查和管理部门审查在大纲体系提升和改进过程中起着重要作用。

8.1　纠正措施

纠正措施是为消除已发现的不符合或其他不期望情况所采取的措施。一个不符合可能有若干个原因，采取纠正措施就是要找出问题的根本原因，消除原因，防止类似问题再发生，尽量避免和防止严重有损于质量的问题发生。

8.1.1　一般有损于质量的情况

民用核安全设备活动过程中，不可避免发生有损于质量的情况，未对质量造成重大损失的不符合，必须采取相应的纠正行动制止损失。

8.1.1.1　法规要求与解析

HAF003 及其导则规定，大纲必须采取适当的措施，以保证鉴别和纠正有损于质量的情况，例如故障、失灵、缺陷、偏差、有缺陷或不正确的材料和设备以及其他方面的不符合。

8.1.1.2 控制措施

对有损于质量的情况应予以识别并形成文件。凡被确定为有损于质量的情况，就应评价与之相关的物项和活动受到影响的程度，从而采取适当的措施，若有必要，还应控制任何受到影响的在进行中的活动（工作）。应关注有损于质量的情况，以确定其发展趋势，并决定是否有必要采取进一步的措施。

应对其他能给出有损于质量的情况信息进行审查和评价，设计和制造过程中这些信息可能来自：（1）设计验证；（2）设计文件的使用；（3）监查；（4）检查和试验；（5）过程监督和检查；（6）管理部门审查；（7）质量趋势分析等相关报告。对有损于质量的情况应进行原因分析，并按程序规定进行纠正。

8.1.1.3 审查关注点

审查人员重点关注民用核安全设备活动单位是否有针对性地识别一般有损于质量的情况，是否就识别出的情况采取相应的措施。

8.1.1.4 案例解析

案例：某单位纠正措施控制不严。

事件描述：

在某单位许可证延续审查过程中，该单位提交的年度监查报告中有一份监查问题单，其中监查问题：技术部提供的一份制度文件不是现行有效版本，不符合该单位大纲及文件控制的要求；原因：文件存放不规范，造成文件错拿；纠正措施：规范文件存放制度，并做好文件标识；最后，技术部确认按照纠正措施进行纠正并签字，质保部跟踪确认并签字。审查人员抽查该监查问题单的整改材料，发现：

（1）整改材料中未列出文件存放制度，审查人员不能获取现行文件存放要求；

（2）整改后技术部存放文件的柜子内，文件摆放整齐，采用的文件标识为在封面上加盖作废章，但是未设置分区，文件查找不方便。

原因分析：

（1）该监查意见单对应的整改材料不全，文件归档管理要求不明确；

（2）技术部虽然对文件做了规整和标识控制，但未能举一反三，文件控制仍然有薄弱环节；

（3）技术部人员和质保部人员均未有效识别文件控制存在的薄弱环节，监查效果弱化。

纠正：

（1）将文件存放制度作为该监查问题单的附件，附在整改材料中；

（2）对技术部进行文件管理培训，要求技术部建立文件管理台账，对文件进行分区存放或设置明显的分类标识，便于查找；

（3）质保人员应加强纠正措施的跟踪落实，确保监查取得实效。

经验反馈：

鉴于本案例，建议民用核安全设备活动单位开展如下经验反馈工作：

（1）民用核安全设备活动单位应开展深入的原因分析，采取针对性整改措施，举一反三，切实解决体系运行过程中文件控制存在的问题；

（2）民用核安全设备活动单位应做好文件控制和记录控制，对相关人员开展程序培训，保障质量保证大纲的有效运行。

8.1.2 严重有损于质量的情况

民用核安全设备设计制造安装和无损检验过程中，标准规范的实施、程序行为的落实、人员责任的意识，都是设备质量的影响要素，任何一个环节的疏忽，都可能造成严重有损于质量的情况。

8.1.2.1 法规要求与解析

HAF003 及其导则规定，对于民用核安全设备活动中，严重有损于质量的情况（或虽不严重但多次发生的情况），必须查明起因、采取纠正措施并做出规定，以防止其再次发生。对于严重有损于质量的情况，民用核安全设备活动单位必须用文件阐明其鉴别、起因和所采取的纠正措施，并向有关的管理部门报告。

8.1.2.2 控制措施

民用核安全设备活动单位对严重有损于质量的情况应进行根本原因分析，确定纠正措施，并跟踪验证。千里之堤溃于蚁穴，应制定措施以确定严重有损于质量情况的根本原因。原因分析过程中，应确保有关责任部门的充分参与，纠正措施的实施不仅仅是质量部门的事情，而是所有纠正措施相关部门共同的责任。不符合的原因分析应该多问几个“为什么”，消除每个“为什么”的过程，就是找出根本原因的过程。只有找出根本原因并采取有针对性的纠正措施，才能避免类似情况的再次发生。

（1）常见的根本原因有：

① 管理制度缺失或不完善；

② 人员自身能力不足；

③ 人员的培训不足或资格授权不充分；

④ 程序规定不符或缺失；

⑤ 设备状态不符合或被不正当使用；

⑥ 采规不符合；

⑦ 工序安排不合理。

（2）纠正措施。对严重有损于质量的情况（含虽不严重但多次发生的情况），应针对根本原因采取纠正措施，以防止其重复发生。纠正措施应形成文件，并包括：

① 找出产生严重有损于质量的责任部门（或单位）及由其分析出的产生的原因；

② 责任部门（或单位）提出的防止重复发生而采取的纠正措施方案及审、批部门或人员；

③ 纠正措施的实施。

（3）跟踪验证。应验证对严重有损于质量的情况采取纠正措施的实施情况，必要时应评价其效果。只有当防止重复发生严重有损于质量的纠正措施已实施完成，并进行了验证，才证明纠正措施完成。当纠正措施无效时，应作进一步分析，找出引起这种情况的原因并纠正。

（4）管理部门参与。当判定为严重有损于质量的情况时，纠正措施的活动须立即通知其管理部门，必要时应报告国家核安全监管部门。

结合常见根本原因，抽丝剥茧，最后纠正措施指向往往就是人员和制度。根本原因分析过程中，各个环节均伴随着人员和制度的改进和落实，往往一个严重不符合是各个环节的疏漏叠加而成。

8.1.2.3　审查关注点

审查人员重点关注民用核安全设备活动单位是否针对严重有

损于质量的情况制定相应的制度，是否进行根本原因分析，是否对纠正措施采取跟踪验证，以及发生相关情况是否及时上报国家核安全监管部门、买方或营运单位等。

8.1.2.4 案例解析

案例：某单位供应商制造的零部件与设计图纸不一致。

事件描述：

在 A 单位许可证变更申请模拟活动先决条件检查过程中，审查组现场发现模拟件主要零部件与设计图纸不符，缺少原设计图纸中的加强筋。零部件由 A 单位的供应商 B 铸造而成，供应商 B 的质量计划已关闭。经核实 A 单位在主要零部件的加工制造过程中进行了选点，所有选点已完成签字，且 A 单位已完成模拟件主要零部件的入厂验收工作，并未发现主要零部件与设计图纸不符的情况。

原因分析：

（1）A 单位 QC 人员在主要零部件现场见证和入厂验收时，均未核实零件与设计图纸的符合性，QC 控制失效。

（2）A 单位与供应商 B 沟通，确认零部件与设计图纸不符的原因是：供应商 B 的操作工人误以为零部件上的加强筋是操作用的吊耳，铸造完成后自行将加强筋切除。供应商 B 的质量计划已完成签字，所有人员均未发现问题。

（3）从供应商 B 到 A 单位，多个环节管控均失效，造成严重有损于质量的情况一再被忽视，人员责任意识不到位。

纠正：

建议 A 单位采取如下纠正措施：

（1）对供应商 B 铸造的零部件完工报告进行重新排查，严格按照采购要求进行核对，并将排查结果报国家核安全监管部门；

（2）应加强供应商 B 管控，排查其他项目是否存在类似问题；

（3）对所有 QC 人员进行再培训和警示教育；

（4）对零部件开启不符合项，进入不符合项处理流程，并将处理结果上报国家核安全监管部门。

经验反馈：

鉴于本案例，建议民用核安全设备活动单位开展如下经验反馈工作：

（1）加强人员责任意识，树立核安全敬畏意识；

（2）在重要零部件制造和见证活动前，对本单位人员或涉及的供应商进行技术交底，提前识别有损于质量的风险点并制定相应的管控措施；

（3）加强岗位培训，做好供应商管理和原材料入厂验收工作；

（4）召开专项警示教育活动，培养员工树立风险防范意识。

8.2　质量保证监查

监查是指通过对客观证据的调查、检查和评价，为确定所制定的程序、细则、技术规格书、规程、标准、行政管理计划或运行大纲及其他文件是否齐全适用，是否得到切实遵守以及实施效果如何而进行的审核并提出书面报告的工作。

8.2.1　监查必要性

质量保证监查是验证民用核安全设备活动单位大纲实施效果的有效途径，主要目的是：

（1）评价民用核安全设备活动单位自身大纲的符合性、完整性、有效性等；

（2）评价供方大纲的有效性，以及合同相关各类能力的执行情况；

（3）改进和提升企业自身大纲。

8.2.1.1 法规要求与解析

HAF003及其导则规定，必须采取措施验证大纲的实施及其有效性，规定出现何种情况时需开展监查活动。

8.2.1.2 控制措施

申请单位必须采取有效措施验证大纲及大纲程序的有效性。申请单位制定的大纲和大纲程序的有效实施是确保物项和活动质量的关键之一。因此，必须要对大纲及大纲程序的实施及其有效性进行验证，即适时开展质保监查。

民用核安全设备活动单位，必须根据设备活动情况及其重要性来安排监查计划，在出现下列一种或多种情况时必须进行监查：

（1）有必要对大纲的有效性进行系统和独立的评价时；

（2）在签订合同或发出订货单前，有必要确定承包者执行大纲的能力时；

（3）已签定合同并在大纲执行了足够长的一段时间之后，有必要检查有关部门在执行大纲、有关的规范、标准和其他合同文件中是否行使所规定的职能时；

（4）对大纲中规定的职能范围进行重大变更（例如机构的重大改组或程序的修订）时；

（5）在认为由于大纲的缺陷会危及物项或服务的质量时；

（6）有必要验证所要求的纠正措施的实施情况时。

8.2.1.3 审查关注点

审查人员重点关注民用核安全设备活动单位是否制定监查控制程序，是否明确在民用核安全设备活动中开展监查的时机，以及是否注重监查制度的实施和落实。

8.2.1.4　案例解析

案例：某单位组织机构发生重大调整后并未开展监查活动。

事件描述：

A 单位 2021 年 6 月向国家核安全局提交了延续申请，审查人员发现 A 单位本次持证期间进行了 9 次组织机构变更，其中 5 次涉及组织机构的较大调整，最近一次重大调整时间为 2021 年 4 月。审查该单位质量保证大纲修订记录，发现大纲共进行了 3 次修订和升版，最近一次升版时间为 2021 年 5 月；进一步抽查持证期间年度监查实施情况，未发现 A 单位 2021 年发生组织机构重大调整后开展监查活动。

原因分析：

（1）A 单位《监查控制程序》列出了 HAF003 关于“对质量保证大纲中规定的职能范围进行重大变更（例如机构的重大改组或程序的修订）时”须开展监查活动的条款，但是组织机构发生重大调整后，质量保证部门相关人员知道监查程序规定，但并未按照程序要求开展监查活动；

（2）A 单位在本次持证周期进行了单位改制，组织机构进行了多次调整，部分大的组织机构调整还未完全落实，又再次进行新的调整，A 单位质量保证部门疲于应对，未能及时对大纲进行修订。

纠正：

（1）补充开展组织机构调整专项监查活动，并对质量保证部门进行监查；

（2）质量保证部门将持证期间组织机构调整对质量保证大纲运行带来的一系列问题向最高管理者汇报。

经验反馈：

鉴于本案例，建议民用核安全设备活动单位开展如下经验反馈工作：

（1）对决策层、管理层开展法律法规和核安全文化宣贯，加强决策层、管理层对质量保证大纲的理解和认识；

（2）应重视监查对质量保证大纲运行有效性的认识；

（3）最高管理者在主持管理部门审查过程中，应考虑组织机构调整对质量保证大纲运行带来的影响；

（4）决策层在进行规划、部署和执行重大变化时，应确保质量保证大纲运行有效性和民用核安全设备质量可靠性。

8.2.2 监查基本要求

监查基本要求包括监查人员资质要求、制定监查计划的基本要求、单项监查计划与实施细则、监查报告的要求以及监查后工作要求等。

8.2.2.1 法规要求与解析

HAF003 及其导则规定，民用核安全设备活动单位应制定监查控制程序，主要控制要点包括：制订监查人员资质要求，监查前应做的准备工作，监查通知和计划，实施监查，给出监查结果，对监查中所发现的问题采取纠正行动，采取后续行动以验证纠正措施的实施等。

8.2.2.2 控制措施

民用核安全设备活动单位应从监查人员资质要求、制订监查计划的基本要求、监查报告的要求以及监查后工作要求四个方面制定相应的控制措施。

（1）监查人员资质要求。

负责监查的单位必须选择和指定合格的监查人员。参加监查的人员必须是对所监查的活动不负任何直接责任的。在内部监查时，对被监查活动的实施负有直接责任的人，不得参与挑选监查小组成员的工作。参加监查的人员应经质保知识和监查技术的培训，并取得实习监查员、监查员或主监查员资格证。如果要对质保管理部门在大纲中的职责实施有效性进行监查，则必须由非质保管理部门具有监查员或主监查员资格证的人员进行。

（2）制订监查计划的基本要求。

监查分内部监查和外部监查两种，制订监查计划应遵守如下原则：

① 内部监查的总要求是确保大纲的各个要素，以及负有质量相关工作职责的各个部门和领导层人员，包括质量保证管理部门都被监查到。一般来讲，每年的内部监查计划应该确保一年内对本单位质量保证组织机构图中各个部门、领导层人员和质量保证大纲中各要素的实施情况至少系统地监查一遍。由于质保管理部门也实施质保职责，所以，它在质保大纲中相关职责对应要素的实施有效性也应该被监查。

② 外部监查包含外部单位（国家核安全监管部门、买方等）对企业自身的质保监查，也包含企业对自身供应商的监查。民用核安全设备活动单位应规定迎接外部监查的部门，以及对自身供应商进行监查时的主责部门。

③ 监查计划必须根据质量控制活动情况（如，从时间上要根据质量控制活动实施先后和过去存在的问题）及其重要性安排。

④ 还可以根据实际需要进行专项质保监查，例如：针对某一项特定活动、某一个特定主题或某一份特定要求实施专项质保监查。

（3）单项监查计划与实施。

民用核安全设备活动单位应制定单项监查计划与实施细则。单项监查流程包括：监查策划、监查准备、监查实施、监查报告、问题响应、跟踪验证和记录归档。

针对单项监查活动，首先应组建监查队，制定单次监查计划，向被监查方发出监查通知，召开监查队内部会议，收集监查相关资料，编制监查单。监查活动实施应组织召开监查前会议，向被监查单位通报监查内容和安排；监查过程应按照监查计划，采用特定的监查方法（如：人员访谈、文件记录审查、活动观察、检查试验、现场巡视等）开展监查活动；最后形成初步的监查报告，在监查后会议上，向被监查单位通报监查结论。

（4）监查报告的要求。

监查人员必须用文件给出监查结果，因此，监查人员在监查中要及时作出监查记录，并根据监查记录写出监查报告。必须由被监查的领域负责的机构对监查中所发现的缺陷进行审核和纠正。即，应由被监查单位或部门负责对监查中发现的问题进行确认，对发现问题进行原因分析，并采取纠正措施。

一般监查完成后 2 周内发出监查报告，监查报告应包含：监查目的、监查范围、监查依据文件、监查结论、发现问题、观察意见或纠正措施、答复要求、监查组成员名单等。

（5）监查后工作要求。

必须采取后续行动以验证纠正措施的实施，因此，监查后还有如下后续工作要做：

① 监查报告要送给被监查部门。

② 在被监查部门提出纠正措施方案和采取纠正措施后，监查部门应审查纠正措施方案的适用性和完整性，以及验证监查中发现的问题是否已按照纠正措施要求全部进行了纠正。

③ 验证被监查部门实施的纠正措施的有效性，书面记录验证

结果，关闭监查报告。

8.2.2.3　审查关注点

审查人员重点关注民用核安全设备活动单位是否制定了明确的监查基本要求，包括：

（1）监查人员资质要求；

（2）制定监查计划的基本要求；

（3）单项监查计划和实施是否完备；

（4）监查报告的要求以及监查后工作要求；

（5）抽查内外部监查报告，核实监查实施情况。

8.2.2.4　案例解析

案例：某单位监查控制不符合要求。

事件描述：在某单位现场检查过程中，审查组发现如下问题：

（1）该单位授权的监查人员都是质保部门的人员，且授权的主监查员的监查经历不满足《HAD003/02 核电厂质量保证组织》"主监查员至少应在取得资格前 3 年内参加 5 次质量保证监查"的要求；

（2）抽查其当年的监查计划，发现监查计划中只有一次年度监查，其他活动形式都是质保监督，且未制订外部监查计划；

（3）年度监查报告的部分监查提问单填写不完整，没有给出监查小结。

原因分析：

（1）该单位质量保证负责人对于监查经历的要求很清楚，但在监查人员授权时并未引起足够的重视；

（2）年度监查计划的制定大都考虑质保监督的便捷性，忽略了监查重要性，以及监查对于监查人员经验的积累；

（3）监查人员的培养未考虑对质量保证部门的监查，监查独立性要求未落实；

（4）部分监查人员经验不足，工作责任意识不够。

纠正：

（1）升版年度监查计划，根据项目活动进度，增加专项质量保证监查计划；并补充外部监查计划；

（2）培养质保部外其他部门的监查人员，同时加强质保部监查人员的培训；监查人员资历要求必须满足国家法律法规要求；

（3）根据监查情况，完善监查提问单。

经验反馈：

鉴于本案例，建议民用核安全设备活动单位开展如下经验反馈工作：

（1）民用核安全设备活动单位授权的监查人员应满足国家核安全法律法规相关要求；

（2）监查是对质量保证大纲实施验证的重要方面，监查人员的培养、监查制度的落实应得到民用核安全设备活动单位决策层的高度重视；

（3）应对民用核安全设备活动单位决策层和管理层开展核电法律法规和核安全文化培训，强化领导层遵守法律法规意识和责任意识。

8.3 管理部门审查

管理部门审查是民用核安全设备活动单位决策层、管理层人员对大纲有效性、符合性的定期审查，对于推动大纲的实施和验证发挥着重要作用。

8.3.1 法规要求与解析

HAF003 及其导则规定，民用核安全设备活动单位参与大纲实施的管理部门要对其负责的那部分质量保证大纲的状况和适用性定期进行审查，当发现大纲有问题时，必须采取纠正措施。

8.3.2 控制措施

民用核安全设备活动单位所有参与大纲实施的管理部门都要对其负责的那部分大纲的状况和适用性定期进行审查（至少每年一次），视情况对大纲中的问题（如有）采取纠正措施。因此，大纲批准人一般每年要亲自组织和主持一次由本单位管理层和各部门负责人参加的管理部门审查会议，对本单位大纲的适用性和实施的有效性进行审查，对发现的问题分析其产生的根本原因，并提出纠正措施要求，由产生问题的部门及时纠正，并在必要时，组织修订质保大纲。

民用核安全设备活动单位应预先制定管理部门审查程序，包括审查的频度、审查前的准备、审查会议议程、审查报告的制定，以及发现问题的纠正和后续验证与关闭等。

管理部门审查一般通过正式会议来进行，会议期间应采用汇报、讨论、查阅文件和资料等形式，必要时去现场观察。管理部门审查的主要内容包括：

（1）重大的质量保证工作及其完成情况；

（2）大纲监查的结果；

（3）质量问题及其建议；

（4）大纲中的缺陷；

（5）纠正措施状态；

（6）质量趋势、事故和故障；

（7）人员资格培训、质量教育和证书的颁发；

（8）是否需要修订大纲。

在开会前，民用核安全设备活动单位各部门应汇总部门发现的问题并分析原因，如：质量保证部门应汇总内部监查资料中哪些部门存在过哪些问题，纠正措施实施情况如何以及在质保大纲适用性方面存在的问题；质检部门应汇总监督检查中发现的质量问题，并提出质量趋势分析报告；各有关部门应审查自己所在部门大纲实施的有效性和大纲程序的适用性以及存在的问题，并写出汇报材料；合同管理部门应提供买方的反馈意见等。

管理部门审查会议一般应由本单位大纲批准人主持：首先，由上述各部门根据准备的汇报材料进行汇报；然后，讨论汇报材料并对存在的问题分析其根本原因，得出如下结论：哪些部门在实施大纲方面存在什么问题，什么原因，采取哪些纠正措施，落实纠正措施实施部门和纠正期限如何；大纲哪些方面不适用需要修改，如何修改；大纲涉及哪些大纲程序需要修改，哪些部门参与修改和修改期限。以上结论应由质量保证管理部门写成管理部门审查报告，由单位大纲批准人批准；各条结论由质保管理部门组织相关责任部门实施，并将实施结果在跟踪监督后以报告形式向大纲批准人和参加审查会的部门负责人报告。

管理部门审查报告应包括：目的，审查内容，发现的问题，原因分析，审查得出的结论，参加审查的单位和人员以及主持人和记录人员，报告编、审、批人员及日期。

8.3.3 审查关注点

审查人员重点关注民用核安全设备活动单位在管理部门审查中是否做到如下要求：

（1）是否重视管理部门审查工作，是否由大纲批准人亲自主持会议；

（2）是否制定了管理部门审查程序，包括审查的频度、审查前的准备、审查会议议程、审查报告的制定，以及发现问题的纠正和后续验证与关闭等内容；

（3）抽查管理部门审查报告，验证是否按照程序规定执行，相应措施是否整改到位。

8.3.4　案例解析

案例：某单位管理部门审查有效性不足。

事件描述：

抽查某单位近两年管理部门审查报告，发现审查内容中的质量趋势分析报告，只是一段文字描述，内容仅包含当年工作完成量以及客户反馈信息量，并未描述质量的趋势，也未进行趋势分析，给出的结论是质量趋势向好。该单位未提供去年管理部门审查报告提出的纠正措施整改落实情况，也未见大纲和程序文件修订记录。

原因分析：

（1）该单位并未书面规定质量趋势分析报告应包含的内容；

（2）决策层和管理层并未对质量趋势分析报告描述的内容产生质疑，管理部门审查流于形式；

（3）管理部门审查提出的意见建议并未传达到位，也未得到整改落实。

纠正：

（1）书面规定质量趋势分析方法、质量趋势分析报告应包含的内容等；

（2）重视管理部门审查，修订管理部门审查要求，切实将工作落到实处；

（3）梳理前两年管理部门审查提出的意见建议是否有效，如有效，应严格落实并跟踪验证。

经验反馈：

鉴于本案例，建议民用核安全设备活动单位开展如下经验反馈工作：

（1）决策层和管理层应重视管理部门评审，切实发现大纲运行过程中存在的问题，制定针对性纠正措施，切实提升和改进管理质量；

（2）重视质量保证大纲和程序文件制修订工作，确保民用核安全设备质量可控；

（3）应要求管理层和员工定期进行问题的趋势分析，并从纠正行动和其他活动中获取提升质量的信息和经验；

（4）应重视大纲提升手段（监查、监督、管理部门审查等）在企业发展中的应用，及时采取有效的措施，使得纠正行动的验证得到有效控制。

8.4 本章小结

作为质量保证大纲提升和改进的基本方法，纠正措施、监查和管理部门审查的贯彻落实是十分必要的。本章提出了纠正措施、监查和管理部门审查的相关要求，通过对法规条文的解析，对大纲提升和改进提出进一步要求。

第九章　防造假机制要求

当前，造假已经成为全球核电领域广泛关注的一个重点问题，国际上发现的多起造假事件让人触目惊心，不仅出现在供应商内部，也出现在被许可方内部，影响核设施成本和进度的同时，也对核设施功能、人员安全、公众乃至环境造成直接或间接的影响。

“安全第一，质量第一”是我国核能事业秉持的基本原则，“确保核安全”是核能事业健康可持续发展的生命线。而近年来，我国民用核安全设备领域的造假现象也时有发生，虽未对核安全造成直接影响，但也造成一定的经济损失和社会影响，不仅对核设施建造质量和运行安全带来了风险和隐患，也破坏了核供应链诚信透明的生态环境，使得质量管理的可靠性遭受质疑，动摇了国家和公众对核安全的信任。设备质量是确保核设施安全稳定运行的重要前提，造假问题的存在，是对“安全第一，质量第一”原则的极大讽刺和挑战。因此，在民用核安全设备活动中杜绝弄虚作假势在必行！

9.1　防造假机制

9.1.1　法规要求与解析

当前，民用核安全设备领域的法律法规并未对造假问题做出特别规定，仅在下述文件中有相关要求：

（1）《民用核安全设备监督管理条例》（国务院第 500 号令）。

《条例》第五十二条和第五十八条中分别对民用核安全设备无损检验单位出具虚假无损检验结果报告和在接受监督检查时弄虚作假给予处罚的规定，对其他弄虚作假行为并无进一步详细规定。

（2）《核动力厂管理体系安全规定》。

该规定 2020 年 12 月 31 日以生态环境部令第 18 号公布，自 2021 年 3 月 1 日起施行。规定的第五条和第三十三条分别对弄虚作假行为提出举报机制和防控要求。

（3）《核电厂质量保证大纲的格式和内容（试行）》。

该文件以《核电厂质量保证安全规定》（HAF003）以及 HAD003 系列导则为依据，吸收国内核电厂质量保证活动及相关审评监督的良好实践经验，同时参考美国核管会标准审查大纲（SRP）17.1、17.3 及 17.5 章节，美国机械工程师协会（ASME）的核设施质量保证大纲要求（NQA-1）以及国际原子能机构（IAEA）核电厂和其他核设施安全的质量保证安全丛书（50-C/SG-Q）。《格式和内容》的目的是为核电厂营运单位编制质量保证大纲作为参考和指南，为营运单位提供产品和服务的民用核安全设备活动单位应参照执行，可根据自身实际情况进行适当调整，但必须确保调整后的合理性、合规性和内容的完整性。

《格式和内容》在原有 HAF003 的 13 个要素基础上特别增加“14 防造假机制/制度”一章，明确了造假行为的定义以及防造假机制/制度的具体内容。

造假行为是指民用核安全设备活动单位及其员工，供方及其员工等故意违反核安全法规、许可证条件、标准、程序和细则、合同等，以及故意提供不准确、不完整的信息记录等不当行为。描述民用核安全设备活动单位防止假冒和欺诈物项和服务进入核供应链，以及防止核安全设备设计、制造、安装、无损检验及相关活动过程中造假行为的一系列措施称之为防造假机制/制度。

（4）《民用核安全设备制造阶段不符合项监督管理要求（试行）》（国核安发〔2016〕84 号）。

该文件是为了强化对民用核安全设备制造阶段不符合项管理活动的监督管理，指导和规范各有关单位民用核安全设备制造阶段不符合项的管理活动，明确不符合项报告要求而制定的指导文件。

管理要求第十五条提出对制造阶段弄虚作假等管理问题的上报要求，具体如下：

第十五条　对于民用核安全设备制造阶段出现的弄虚作假、违规操作等管理问题，持证单位须在发现后 5 个工作日内采用书面方式上报华北站，同时根据华北站的要求及时报送相关资料，并通报项目责任单位。

持证单位应将上述管理问题的处理方案提交项目责任单位备案或审查，其处理结果须得到项目责任单位书面认可。

综上所述，近年来民用核安全设备领域造假行为屡禁不止，不仅给民用核设施安全造成风险和隐患，也给企业和个人造成巨大经济损失。因此，无论是监管方还是被监管方，无论是企业还是个人，都应在“两个零容忍”的基础上，尽快制定并落实防造假机制/制度，明确各方防造假责任、具体管理要求及控制措施。

9.1.2　控制措施

（1）明确职责。

民用核安全设备活动单位应当建立健全防造假责任制度，明确防造假要求，加强防造假管理，确保所提供的民用核安全设备或服务以及所采购的物项或服务的质量。为此，应在质量保证大纲中结合本单位/部门和人员划分，根据所开展的民用核安全设备活动具体情况，明确防造假机制/制度的责任者，包括高层管理者及相关的部门，并规定各级人员在防造假机制/制度中的具体职责、权限及内外联络渠道。管理者应制定防造假政策，并向全体员工传达防造假政策（如报告、会议等）；员工应按大纲及程序要求严格履行其职责，提高防造假相关知识和技能。同时，应当明确分包单位包括第三方检测机构的防造假责任，并采取有效措施加以落实。

若在大纲中对相关内容描述不够充分，可在大纲程序或执行文件中具体描述，但需在大纲中引出该大纲程序或执行文件。

（2）强化培训。

民用核安全设备活动单位在制定年度培训计划时，除了考虑核安全法律法规和监管要求外，还应规定定期开展防造假方面相关培训的要求，如：职业道德培训、防造假岗位培训、防造假技能培训、防造假程序培训等，以期提高人员识别和防控造假的意识和能力。在防造假培训中，除了防造假措施和知识的培训外，还应包括提高防造假意识的培训，对于关键工艺、特种工种和岗位还应增加更有针对性的特定培训内容。培训覆盖面除了全体员工，还应包括主要采购方和分包方。

（3）核安全文化建设。

良好的核安全文化有助于应对造假问题，持续推进核安全文化建设，定期开展核安全文化培训，加强人员的法律意识、责任意识、忧患意识、自律意识和诚信意识，提高全员核安全文化水平，及时遏制罔顾安全和质量，一味追求进度、效益的风气。企业制定的《核安全文化政策声明》应适用并覆盖于自身及其供应商，在采购招标等环节考虑核安全文化因素。构建一个保持关注安全的氛围、采用质疑的态度、开展有效的问题识别和解决、进行有效沟通以及持续学习的组织，是防止造假问题的关键所在。同时，针对违规造假暴露出的核安全文化问题，开展核安全文化评估是较为有效且高效的手段。

9.1.3　审查关注点

（1）民用核安全设备活动单位是否充分了解造假物项进入核设施的风险和危害，在质量保证政策声明中是否明确对于造假问题的态度、原则和立场，承诺制定积极的防造假政策和制度，坚持对造假“零容忍”的态度，明确防造假总体要求。

（2）民用核安全设备活动单位是否在质量保证组织机构中建立负责防造假管理的组织，明确其职能和责任，并为其提供足够的资源。

（3）民用核安全设备活动单位是否制定防造假管理的程序和细则，规定对造假的预防、识别、控制、调查、处理和处置、报告和信息共享等措施。

（4）民用核安全设备活动单位是否将防造假要求纳入质量管理体系相关制度或程序，确保质保大纲及程序间的协调衔接。

（5）民用核安全设备活动单位是否建立造假问题处理流程，并在年度管理部门审查中对防造假流程进行审查和评估。

（6）民用核安全设备活动单位是否建立防造假奖惩制度，明确行为底线，鼓励员工主动识别和报告造假问题。

（7）民用核安全设备活动单位是否建立举报保护制度，公布匿名举报渠道，保护举报人个人隐私，严厉打击报复行为。

9.1.4　常见问题解析

民用核安全设备活动单位在防造假机制方面易出现以下问题：

（1）质量保证大纲及相关程序中未按《核电厂质量保证大纲

的格式和内容（试行）》要求加入防造假相关内容。

（2）质量保证大纲及相关程序中有防造假相关内容，但实际工作中未落实或充分性、有效性有待加强，主要体现在：未开展相关防造假培训或培训流于形式；员工不了解本岗位造假风险点及如何识别；部门或岗位间防造假职能权责不清晰，存在推诿扯皮现象等。

（3）核安全文化培育与建设状况不理想，员工缺乏对安全质量问题质疑的态度、防造假意识不强、全员参与度不足，举报制度落实不到位，员工担心被打击报复不能毫无顾忌地提出或举报相关问题。

9.2 防造假措施

9.2.1 法规要求与解析

《核电厂质量保证大纲的格式和内容（试行）》14.3 防造假措施主要描述营运单位在采购、现场施工、安装以及运行、维修等过程中所采取的防造假措施，该措施与对应物项的安全重要性、复杂性、特殊性（即质保分级）相一致。民用核安全设备活动单位防造假制度至少包含以下方面：

（1）风险识别。

承诺识别和确认采购、现场施工、安装以及运行、维修等过程中的造假风险，并按照安全重要性、复杂性、特殊性等，对这些物项或活动的风险进行分级。列举所识别的高风险物项或活动，如隐蔽工程、焊接、无损检验、紧固件、电气试验等。

（2）过程管理。

描述在风险识别的基础上，所采取的预防措施，适用时，至少包括以下方面：

① 采购控制。

描述采取的预防措施，如建立明确的采购要求、制定标准采购条款、传达营运单位对供方或分供方有关防造假的要求、制定处理供方假冒的政策、采用先进的产品防伪识别技术、制定报废和处置政策等。描述对涉嫌假冒和欺诈物项的检验和验收试验。

② 现场管理。

描述采取的现场管理措施，如在建造现场进行管理者巡视、随机性检查，使用必要的监控和记录工具等。

（3）假冒和欺诈物项及造假行为的处理。

描述对涉嫌假冒和欺诈物项及造假行为的处理流程，根据需要可包括：隔离可疑物项；记录；评估影响；通知相应的内部组织；收集信息；考虑向行业数据库报告初步调查结果；与适当的供方或分供方联系，以获取有关事件或任何正在进行的调查信息；采取措施，以确定物项是否真实；处置确认的假冒和欺诈物项；根据需要与核安全监管部门、行业主管部门、执法机构和其他适当机构分享经验教训和行动。

（4）跟踪、调查。

承诺记录并跟踪可疑物项与行为，并适时向相关供方或分供方提供信息反馈。

描述在识别出假冒和欺诈物项及造假行为后开展的调查，并根据调查结果采取适当的纠正措施，以防止类似事件再次发生。

（5）监督调查和评价。

描述对假冒和欺诈物项及造假行为的定期审查和评价方面的规定。

（6）造假问题举报制度。

描述造假问题举报制度，鼓励所有与工程质量有关的人员参与防造假，明确举报渠道、举报奖励等措施，并对编制相应的管理程序及实施细则等文件做出安排。

上述主要针对营运单位在防造假措施方面的内容，对于民用核安全设备活动单位同样适用，可根据自身活动内容、设备类别及具体情况进行适当调整，同时应注意调整后的合理性、合规性和内容的完整性。

9.2.2 控制措施

（1）风险识别。

识别和确认设计、制造、安装、无损检验过程中造假风险，按照安全重要性、复杂性、特殊性及活动类别、岗位特点等因素，确定各部门/岗位风险点，制定分级分类风险防控表单。

开发和使用帮助识别造假的人因工具，如在收货检查员、仓库人员、维修人员及其他操作人员和质量控制人员的工作文件中涵盖识别造假的相关内容，鼓励员工使用防造假程序，在质疑物项真实性时停止工作。

积极开发和使用先进的防伪和认证技术，如安全油墨和涂料、纳米技术、隐形条码等，提高产品的可追溯性，降低被仿冒的风险。

（2）过程管理。

① 采购控制。

加强供应商的评价和选择。严格控制供应商准入条件，加强供方资质管理。建立供应商评估机制，将防造假能力纳入评估范围。评标过程充分考虑供应商的类型、过往业绩、质量诚信史等价格以外的因素，尽量选择原始制造商和授权经销商，对过低报价保持警惕。对造假供应商采取零容忍政策，实施黑名单制度，限制继续合作，并在最大范围内追究其法律责任。

制定明确的采购技术要求，如：关键物项采购文件的描述应当指明物项的关键或重要特性，而不是简单引用某个部件或型号。对采购物项包括重要原材料的质量证明文件、第三方检测报告等进行验证，并根据物项重要性开展必要的检查和验收测试。

在贸易合同中明确约定分包商的防造假责任及惩处措施，要求其制定并实施防造假计划，确保其提供的物项或服务的质量，并在发现造假问题时配合调查等。此外，还可通过开展采购风险评估，对有风险的采购项目采取额外的预防或检测措施。

② 质量管理和过程控制。

加强设备活动的质量管理和过程控制，评估过程控制程序，在各质量控制点加入防造假内容。质保监查中纳入防造假检查。强化关键工艺过程监督，加强物项入厂验收及特种工艺管控，重点关注造假高风险点，针对焊接、无损检验、热处理等特种工艺，评估及完善相关过程控制质量检查文件，重点关注记录的真实性和有效性。

（3）假冒和欺诈物项及造假行为的处理。

在发现异常物项或服务时，应当将其定为疑似造假问题，并通过正式的造假问题处理流程采取行动。处理疑似造假问题的流程至少应当包括：中止服务、隔离疑似造假物项；将问题记录在纠正措施计划中；评估物项或服务对系统安全性和可操作性的影响；通知内部相关部门；收集信息、开展调查，必要时与原始制造商或供应商取得联系，获取更多调查信息；考虑在行业内交流初步调查结果；检查、测试、审查或采取其他必要的行动，以确定物项或服务是否造假；将造假问题按要求上报监管单位；对已确认的造假物项或服务进行处置；对造假问题进行根本原因分析，制定纠正措施；分享经验教训等。

（4）跟踪、调查。

对疑似造假物项进行物理隔离或从库存中移除并做明确标记，避免误用。建立数据库，对任何疑似造假问题做好记录和跟踪，包括所有造假物项及其核安全级别、物理位置、用途和处置状态，以助于物项追溯、监控、报告、经验反馈和针对供应商的后续行动。

在开展疑似造假问题的调查时，仔细核查物项的采购、验收或安装情况。调查时尽量引入原始设备供应商的参与，以获取更多的信息及其他可参考的造假事件信息。若疑似造假物项被确认为造假物项，应当考虑对来自同一供应商的其他物项进行调查。

对已确认的造假物项进行处置，尽量降低造假物项重新进入供应链的可能，如对其进行不可恢复地破坏或标记。若造假物项还在生产线上，则应当监控其报废。

（5）监督调查和评价。

将防造假管理纳入质保监查，包括防造假管理相关程序文件的完整性和实施的有效性，核安全文化的培育情况，防造假培训和经验反馈的开展情况，采购管理、供应商管理、质量管理和过程控制的有效性，以及造假问题报告的及时性等。

（6）造假问题举报制度。

鼓励主动报告违规造假问题，在制定处罚措施时考虑报告问题的主动性。制定举报人保护和奖励制度，公开举报电话，拓宽举报渠道，保护举报人个人隐私，严厉打击报复行为。

9.2.3 审查关注点

（1）民用核安全设备活动单位在造假风险识别和过程管理方面做出的努力，是否通过完善采购管理、供应商管理、分包管理（在合同中落实分包商责任）、质量管理和过程控制等方面来全面加强对造假问题识别与防控。

（2）民用核安全设备活动单位是否建立健全处理造假问题的具体流程，包括中止服务、隔离物项、评估影响、开展调查、鉴别真伪、处置物项、报告问题、分析根本原因和经验反馈等，以及流程中需要特别注意的重点事项，如：对造假物项进行隔离控制，避免误用；调查的全面性；处置造假物项时尽量降低其重新进入供应链的可能；建立数据库跟踪造假物项及供应商相关信息等。

（3）关于造假防人因工具开发和使用情况，各岗位防造假知识和技能掌握情况。

（4）民用核安全设备活动单位是否将防造假管理纳入质保监查，重点关注其充分性和有效性；年度管理部门审查中是否对防造假流程进行审查和评估。

9.2.4　常见问题解析

民用核安全设备活动单位在防造假措施方面易出现如下问题：

（1）风险识别未开展或开展了但不充分或单位内部各部门/岗位落实深度不一、效果不佳，偏重产品质量问题，未充分识别人因和管理风险。

（2）设备活动的质量管理和过程控制有效性有待加强。如：部分程序缺少防造假相关内容或内容较粗，可操作性不强；部分工作过程记录和结果报告由于管理漏洞或人员工作责任心不强、按章办事意识薄弱等问题导致其真实性和有效性存疑；企业迫于进度、成本、市场竞争等因素，违规造假防控形同虚设。

（3）因人员对防造假制度及要求不熟悉不了解而遗漏相关内容，或由于买卖双方的不对等关系，导致在合同执行中无法落实防造假相关要求。

9.3 本章小结

众所周知，很多事故的发生都源于造假，弄虚作假的危害不但是造成事件、事故的重要原因之一，也是个人的道德信誉问题，更是对社会、对公众的一种极大危害。防造假是一项长期工作，为此需要提高全员核安全文化水平，强化违规造假防控意识，形成“防造假从我做起，拒绝造假人人有责”的良好氛围。

第十章　ISO9001 与 HAF003 的联系与差异

为了获得客户认可，很多民用核安全设备活动单位都通过了 ISO9001 认证，说明公司在质量管理方面已经形成一套完整的质量管理体系。对于核质量保证体系，则是以 HAF003《核电厂质量保证安全规定》为依据建立起来的，因为即使通过 ISO9001 标准认证的企业如要参与核电工程项目，为核电厂提供物项和服务，也必须按照 HAF003 法规的要求建立核质保体系。如何二者兼顾、协调并整合应用，是不少核电工程项目管理者和质量工作者关心的问题。本章对 ISO9001 标准与 HAF003 法规之间的联系与差异进行说明。

10.1　ISO9001 和核质保体系的关系

ISO9000 诞生于核电行业质量管理法规的基础之上，这就解释了 ISO9001 和 50-C-QA（HAF003）为何有如此紧密的关系。1959 年，美国军方颁布了世界上第一个质量保证标准《质量大纲要求》（MIL-Q-9858A），在此基础上，美国联邦法规于 1969 年提出了 10CFR50 附录 B《核电厂和燃料后处理厂质量保证准则》，这是世界上第一部民用核设施国家级质量保证法规文件。随后，IAEA 吸取了美国在核电质量管理方面的建设经验，于 1978 年颁布了《核电厂的质量保证》(50-C-QA),并迅速得到世界先进工业国家的核工业界认可,它包括 13 项条款,通常称之为“十三条”,“该法规”对保证核工业安全起到重要的保证作用。我国的 HAF003 也是等效采用了 IAEA 50-C-QA。

由于美国和 IAEA 在核电领域实施质量保证标准取得了令人信服的成效,质量保证标准也迅速扩散到民品订货中来。1987 年,国际标准化组织 ISO 在美国 10CFR50 附录 B 与 50-C-QA 质量保证管理理念的基础上首次发布了 ISO9000 族标准,在国际上迅速普及并发展至今,与质量相关的标准则以 ISO9001 为代表。

10.2 ISO9001 和 HAF003 的特点

ISO9001 标准与 HAF003 法规均属于质量管理的要求。ISO9001 标准是国际标准化组织颁布的《质量管理体系 要求》,其适用于诸多行业和组织;HAF003《核电厂质量保证安全规定》是由我国国家核安全局颁布的法规,其主要针对核电厂的厂址选择、设计、制造、建造、调试、运行和退役期间的质量保证大纲的制定和实施提出了原则和目标,两者具有不同的特点。

ISO9001 质量体系认证具有以下特点:

(1)认证的对象是供方的质量体系。质量体系认证的对象不是该企业的某一产品或服务,而是质量体系本身。

(2)认证的依据是质量保证标准。进行质量体系认证,往往是供方为了对外提供质量保证的需要,故认证依据是有关质量保证模式标准。为了使质量体系认证能与国际作法达到互认接轨,供方最好选用 ISO9001 标准。

(3)认证机构是第三方质量体系评价机构。要使供方质量体系认证能有公正性和可信性,认证必须由与被认证单位(供方）在经济上没有利害关系，行政上没有隶属关系的第三方机构来承担。

（4）认证获准的标识是注册和颁发证书。按规定程序申请认证的质量体系，当评定结果判为合格后，由认证机构对认证企业给予注册和颁发证书，列入质量体系认证企业名录，并公开发布。

（5）认证是企业自主行为。质量体系认证，主要是为了提高企业的质量信誉和扩大销售量，一般是企业自愿，主动地提出申请，是属于企业自主行为。公司通过了ISO9001质量管理体系认证，说明在质量管理方面已经形成一套完整的体系。但是如果企业涉及核行业，就需要建立核质量保证体系，而核质量保证体系是以HAF003《核电厂质量保证安全规定》为依据建立起来的。

HAF003不是普通标准，是国家核安全质量法规，内容上类似于ISO9001，但法律强制实施，HAF003《核电厂质量保证安全规定》中包含160个“必须”，比ISO9001的质量管理严格得多，贯彻实施HAF003是涉核企业成为合格供方的必经之路。

10.3 ISO9001与HAF003的发展

ISO9001自1987年正式诞生以来，共经历了4次正式的改版：

（1）第一次改版是在1994年作了过渡性修订，取消了ISO 9002、ISO9003，但沿用了质量保证的概念，格式和内容相比ISO 9001-1987无实质性变化。

（2）第二次改版是在2000年，不论是从理念、结构还是内涵，都是一次重大的变化，标准引入了“以顾客为关注焦点”“过程方法”等基本理念，从系统角度实现了从质量保证到质量管理的升华，具备了更强的适用性。

（3）第三次改版是在2008年，这次改版是一次“编辑性修改”，并未发生显著变化。

（4）第四次就是现在正在使用的2015版本，这次改版在结构、质量手册、风险等方面都发生了变化。

我国参照IAEA 78版50-C-QA于1986年颁布了《核电厂质量保证安全规定》（HAF0400），1991年根据IAEA 88版50-C-QA（Rev.1）进行了修订，1998年将HAF0400编号修订为HAF003。在IAEA 88版50-C-QA（Rev.1）发布后，IAEA又陆续于1996年发布了《核电厂和其他核设施安全的质量保证》（50-C-Q），在2006年颁布了《设施的活动的管理体系》（GS-R-3），并宣布取消50-C-Q核质保法规，在2016年发布了安全要求GSR PART2《安全的领导和管理》，并宣布取代GS-R-3，成为目前最新的国际核电质保要求。我国则未对HAF003作调整，一直沿用至今。

另外，我国在2020年12月31日发布了《核动力厂管理体系安全规定》，在安全责任、安全领导及安全管理等方面作出规定。但对于民用核安全设备活动单位，目前仍以应用HAF003及相关导则为主。

10.4 ISO9001与HAF003对比分析

10.4.1 整体对比

ISO9001认证是较为成熟的质量框架，该认证是现代企业发展与成长之根本，申请ISO9001质量管理体系认证，可以取得顾客的信任。目前国内民用核安全设备活动单位均已取得了ISO9001认证，但如果要满足核质保法规的要求，就必须要正确认识ISO9001与HAF003之间的异同，识别出已按照ISO9001建立了质量管理体系，那么还需要补充完善哪些要求，才能够符合核质保要求。HAF003 与 ISO 9001 的主要区别可基本概括如表 10-1 所示。

表 10-1 HAF003 与 ISO9001 的主要区别

内容	HAF003 法规	ISO9001
提出形式	以法规形式提出，具有强制性	以标准形式提出，具有推荐性
实施目的	为保证核电厂的安全	以顾客为关注焦点，确保顾客得到满意的产品/服务
适用对象	适用于核电建设，具有较强特殊性	适用于各行业，具有普适性
强调内容	强调“保证公众健康和安全”的社会责任，核安全是第一位的	首先要考虑的是满足顾客的期望和要求，信誉和效益是首要的
实施方法	着重控制影响核安全的主要因素和活动	着重控制产品质量实现的过程活动
控制方式	强调分级控制，按物项/服务对核安全的重要性，对其控制水平、验证方法不同	未论述这一原则要求
产品要求	含技术和管理性工作，二者充分结合	对规定的技术（产品）要求的补充
独立性	强调质量验证人员，即有权判定（产品、过程、体系）质量符合性，决定质量是否可以放行的验证人员必须是未参与被验证工作的合格人员	未论述这一原则要求

10.4.2 术语

10.4.2.1 关键术语：质量手册、质量计划

GB/T 19000—2008 中定义质量手册为“规定组织质量管理体系的文件”，定义质量计划为“对特定的项目、产品、过程或合同，规定由谁及何时应使用哪些程序和相关资源的文件”，这些程序通常包括所涉及的那些质量管理过程和产品实现过程。

质量手册通常包括实施质量管理所要求的全部要素，如质量策划、质量控制、质量保证和质量改进等，由于它本身的级别较

高，所以一般只包含一些质量管理实施的通用性要求，在实际应用中，为了适应组织的规模和复杂程度，质量手册在其详略程度和编排方式方面略有差异。

质量计划则是针对具体的工程项目而谈，它是专门为了满足某一产品、项目、合同或研制任务书等具体要求而制定的质量体系文件，是质量策划的结果之一，在实际应用中，质量计划通常要引用质量手册的部分内容或程序文件。因此可以把质量计划比作是连接质量手册和该产品、项目、合同或研制任务书的桥梁，虽然要增加一些书面程序，但无须开发超出现行规定的一套综合的程序或作业指导书。

10.4.2.2 其他术语

ISO9001 与 HAF003 都规定或引用了相关的术语，表 10-2 对 HAF003 和 ISO9001 中应用的几个其他重要术语进行了比较。

表 10-2 HAF003 与 ISO9001 有关名词解释

HAF 术语	HAF003 的名词解释	与对应于 ISO9001 标准的术语比较
监查	通过对客观证据的调查、检查和评价，为确定所制订的程序、细则、技术条件、规程、标准、行政管理计划或作业大纲及其文件是否齐全适用，是否得到切实遵守以及实施效果如何而进行的审核并提出书面报告的工作	对应术语：审核 比较：基本相同，HAF003 的审核准则更明确，直接给出了审核的依据为：程序、指令、说明书、技术条件、规程、标准、行政管理计划或运行大纲及其他文件
处理	确定如何处置解决偏离规定要求所采取的行动	对应术语：纠正 比较：基本相同，“处置解决”的目的就是“消除”，“行动”也是“措施”
检查	通过检验、观察或测量等手段，确定材料、零件、部件、系统、构筑物以及工艺和程序是否符合规定要求的活动	对应术语：HAF003 的“检查”对应于 ISO9001 监视和测量的概念。如检验、试验、评审、验证、确认等； 比较：HAF003 更具体
物项	构筑物、系统、部件、零件或材料以及计算机软件的通称	对应术语：HAF003 的“物项”对应于 ISO 9001 的产品； 比较：HAF003 更全面

续表

HAF术语	HAF003的名词解释	与对应于ISO9001标准的术语比较
服务	由供方所进行的工作，例如设计、制造、检查、无损检验、修理或安装等	对应概念：外包过程； 比较：要求基本一致
不符合项	性能、文件或程序方面的缺陷，因而使某一物项的质量变得不可接受或不能确定	对应术语：不合格/不符合； 比较：基本类似；ISO 9001 中的概念更宽泛些

其他术语，有的概念基本相同，有的是专有的，应用时应予以关注。

10.4.3 格式与内容

表10-3列出了不同版本的ISO9001与HAF003在格式与内容上的差异。

表10-3 HAF003与不同版本的ISO9001格式与内容对比

HAF003	ISO 9001-1987	ISO 9001-1994	ISO 9001-2000	ISO 9001-2008	ISO 9001-2015
1. 引言 2. 质量保证大纲 3. 组织 4. 文件控制 5. 设计控制 6. 采购控制 7. 物项控制 8. 工艺过程控制 9. 检查和试验控制 10. 对不符合项的控制 11. 纠正措施 12. 记录 13. 监查	1. 引言 2. 范围和适用领域 3. 引用标准 4. 定义 4.1 质量体系要求 4.2 管理职责 4.3 质量体系 4.4 合同评审 4.5 采购控制 4.6 设计控制 4.7 文件控制 4.8 采购 4.9 需方提供的物资 4.10 产品标识和可追溯性	1. 范围 2. 引用标准 3. 定义 4. 质量体系要求 4.1 管理职责 4.2.质量体系 4.3 合同评审 4.4 设计控制 4.5 文件和资料控制 4.6 采购 4.7 顾客提供产品的控制 4.8 产品标识和可追溯性	0. 引言 1. 范围 2. 引用标准 3. 术语和定义 4. 质量管理体系要求 4.1 总则 4.2 文件化要求 5. 管理职责 5.1 管理层承诺 5.2 以顾客为中心 5.3 质量方针 5.4 策划 5.5 职责、权限和沟通 5.6 管理评审	0. 总则 1. 范围 2. 规范性引用文件 3. 术语和定义 4. 质量管理体系 4.1 总要求 4.2 文件要求 5 管理职责 5.1 管理承诺 5.2 以顾客为关注焦点 5.3 质量方针 5.4 策划	0. 引言 1. 范围 2. 规范性引用文件 3. 术语和定义 4. 组织的背景环境 4.1 理解组织及其背景环境 4.2 理解相关方的需求和期望 4.3 确定质量管理体系的范围 4.4 质量管理体系 5. 领导作用 5.1 领导作用与承诺 5.2 质量方针 5.3 组织的作用、职责和权限 6. 策划

续表

HAF003	ISO 9001-1987	ISO 9001-1994	ISO 9001-2000	ISO 9001-2008	ISO 9001-2015
1. 引言 2. 质量保证大纲 3. 组织 4. 文件控制 5. 设计控制 6. 采购控制 7. 物项控制 8. 工艺过程控制 9. 检查和试验控制 10. 对不符合项的控制 11. 纠正措施 12. 记录 13. 监查	4.11 工艺控制 4.12 检验和试验 4.13 检验、测量和试验装备 4.14 检验和试验状态 4.15 不合格品的控制 4.16 纠正措施 4.17 搬运、贮存、包装盒交付 4.18 质量记录 4.19 内部质量审核 4.20 培训 4.21 售后服务 4.22 统计技术	4.9 过程控制 4.10 检验和试验 4.11 检验、测量和试验装备的控制 4.12 检验和试验状态 4.13 不合格品的控制 4.14 纠正和预防措施 4.15 搬运、贮存、包装、防护和交付 4.16 质量记录的控制 4.17 内部质量审核 4.18 培训 4.19 服务 4.20 统计技术	6. 资源管理 6.1 资源的提供 6.2 人力资源 6.3 设施 6.4 工作环境 7. 产品的实现 7.1 产品实现的策划 7.2 与顾客有关的过程 7.3 设计与开发 7.4 采购 7.5 生产和服务提供 7.6 测量和监测装备的控制 8. 测量、分析与改进 8.1 总则 8.2 监控和测量 8.3 不合格的控制 8.4 资料分析 8.5 改进	5.5 职责、权限和沟通 5.6 管理评审 6. 资源管理 6.1 资源的提供 6.2 人力资源 6.3 基础设施 6.4 工作环境 7. 产品实现 7.1 产品实现的策划 7.2 与顾客有关的过程 7.3 设计和开发 7.4 采购 7.5 生产和服务提供 7.6 监视和测量装置的控制 8. 测量、分析和改进 8.1 总则 8.2 监视和测量 8.3 不合格品的控制 8.4 数据分析 8.5 改进	6.1 风险和机遇的应对措施 6.2 质量目标及其措施的策划 6.3 变更的控制 7. 支持 8. 市场需求的确定和顾客沟通 8.1 运行策划和控制 8.2 市场需求的确定和顾客沟通 8.3 运行策划过程 8.4 外部供应的产品和服务的控制 8.5 产品和服务的开发 8.6 产品生产和服务提供 8.7 产品和服务的放行 8.8 不合格产品和服务 9. 绩效评价 9.1 监视、测量、分析和评价 9.2 内部审核 9.3 管理评审 10. 持续改进 10.1 不符合与纠正措施 10.2 改进

从表中可以看出：

（1）首版 ISO9001-1987 与 HAF003 中包含的绝大多数质保活动是相同或相通的，说明 ISO9001 传承了核质保法规中规定的质保活动及其要求，而 ISO9001 中多出的“合同评审”“顾客财产”“售后服务”等体现了 ISO9001 标准应用的目的，即求得市场信誉，最终取得经济效益。

（2）从 ISO9001-1994 与 ISO9000-1987 对比可以看出，虽然 ISO 在 1994 年对 ISO9000-1987 版作了修订，但 ISO9001-1994 的格式和内容无实质性变化。

（3）ISO9001-2000 版相比 ISO9001-1994 发生了很大变化，通过对比目录可以看出，新增加的内容至少包括了：5.1 强化了最高管理者的管理职责；5.2 以顾客为中心；5.3 质量方针与目标要细化和分解落实；5.5 内外沟通；8.2 强化管理体系和监控；8.4 数据分析；8.5 持续改进等。同时 ISO9001-2000 突出了八项质量管理原则，即以顾客为关注焦点、领导作用、全员参与、过程方法、管理的系统方法、持续改进、基于事实的决策方法、与供方互利的关系。同时 ISO9001-2000 还引入 PDCA 戴明环闭环管理模式等。

鉴于 ISO9001-2000 的代表性与特殊性，以及 ISO9001-2008 编辑性升版的性质，本节选择 ISO9001-2000、ISO9001-2008 与 HAF003 作详细比对，以说明为满足核安全监管要求 ISO9001 应补充的条款。其他版本的 ISO9001 可分别与 ISO9001-2000、ISO9001-2008 作纵向比对，在此不再赘述。

HAF003 对核质保体系的管理基本可分为监管要求、建立质保大纲和审评三个环节，ISO9001-2000 则分为管理职责、资源管理、产品实现、测量、分析和改进，所以 HAF003 与 ISO9001-2000 的要素在范围上部分重叠。如监管要求对应管理职责、资源管理，建设质保大纲对应产品实现，审评对应测量、分析和改进。

在其他方面，HAF003 使用了术语“质量保证”和“质量保证大纲”。ISO 9001-2000 不再使用术语“质量保证”。但可以把 ISO9001-2000 使用的术语“质量管理体系”等效于 HAF003 使用的术语“质量保证大纲”。

建立ISO9001-2000体系的民用核安全设备活动单位，如要满足HAF003要求，至少要添加以下条款（见表10-4）：

表10-4　为满足HAF003条款ISO9001-2000需要增加的内容

序号	要素	具体要增加的内容
1	核安全监管要求	民用核安全设备活动单位具有使核安全监管部门满意的责任，满足其提出的要求
2	质量保证（分）大纲	民用核安全设备活动单位应该明确对分包方的文件要求，至少明确哪些工作需要制定质保大纲、程序和作业指导书
3	质保大纲的履行	在质量策划中予以明确质保大纲实现过程
4	文件控制	应至少建立三个层次的文件：大纲、程序及作业文件
5	人员培训及考核	民用核安全设备活动单位应确定涉核人员，并保证这些人员受到恰当的培训
6	物项分级	物项分级一般是质量策划和采购活动的部分工作，分级方法质量体系文件中描述，并严格按照物项等级进行采购
7	采购	1. 必须制定物项分级要求。2. 采购文件必须严格按照采购要求进行
8	评标和签订合同	1. 应以合理的方式评价潜在供方提交的标书以确保其符合采购文件的要求。2. 买方执行的评标，应由负责技术和采购活动的各部门参加的一个小组共同努力完成。评价小组的规模，应由所采购的物项或服务的规模和复杂程度决定
9	买方对供方工作的评价	签约前和签约后联络的范围和必要性取决于产品的独特性、复杂性、向同一供方采购的频率和供方在已往提供类似物项或服务中的业绩
10	物项或服务的验收	物项和服务的采购应满足国家核安全监管部门的要求，采购文件应消化吸收法规、标准规范、上游设计文件的要求。物项或服务的验收应包含必要的文字和数据等信息。当提出商品级物项用于安全功能时，应对其复杂性和安全重要性进行全面的技术评价。执行该安全功能所要求的关键特征应作为验收准则包括在采购文件内
11	备件采购	核电厂管理部门在物项采购同时，也可以安排核电厂该物项备件的采购。备件应达到与物项同样的质保要求，以及在长期贮存中其质量得到保护的附加要求
12	记录	民用核安全设备活动单位应建立记录制度和要求，并规定移交和处置记录的职责

续表

序号	要素	具体要增加的内容
13		在接收记录前，应制定编制目录索引的方法。目录索引应提供充分信息，以识别物项和与其有关的记录。 民用核安全设备活动单位应明确移交或处置记录的责任者
14	管理者自我评定	自我评定重点是实现单位目标和目的的人力和财力资源的合理配置
15	独立评定	独立评定，包括内部审核、外部审核、监督、同行专家评价和技术审查等，应集中在安全方面和已发现问题的领域，旨在提高这些活动或过程的有效性
16	设计输入	计算机程序在使用前必须得到确认
17	设计验证的独立性	设计验证人员应当由未参与原设计的人员担任
18	制造	核电厂质保大纲有效性的责任归于营运单位，但不减轻制造商的义务和施加给制造商的法定要求。营运单位应该确保供方已经把营运单位和核安全监管部门要求的抽样点、停工待检点和见证点写到文件（如质量计划）中
19	检查和试验	必须按已定的接收准则和实施要求，对规定物项、服务和过程进行检查和试验。必须制定检查和试验的深度，以及人员独立性的程度，检查和试验要满足选点要求
20	不符合项控制	1. 核安全监管部门的代表有权对民用核安全设备活动单位进行检查。2. 在发生较大/重大不符合项时，民用核安全设备活动单位应及时通知核安全监管部门。3. 不符合项分析应识别不符合项产生的原因、对安全的影响、处置方法
21	纠正措施	预防措施应经过审查和授权，并规定预防措施已有效实施的验证手段

（4）必须说明的是，本章仅对涉及民用核安全设备活动单位相关的HAF003-1991《核电厂质量保证安全规定》及HAD003-01-1988《核电厂质量保证大纲的制定》、HAD003-02-1989《核电厂质量保证组织》、HAD003-03-1986《核电厂物项和服务采购中的质量保证》、HAD003-04-1986《核电厂质量保证记录制度》、HAD003-05-1988《核电厂质量保证监查》、HAD003-06-1986《核电厂设计中的质量保证》、HAD003-08-1988《核电厂物项制造中的质量保证》等导则进行对比说明，而未列出与HAD003-07-1987《核电厂建造期间的质量保证》、HAD003-09-1988《核电厂调试和运行

期间的质量保证》、HAD003-10-1989《核燃料组件采购、设计和制造中的质量保证》之间的差异。

（5）ISO 在对 2000 年版的 ISO9001 标准中多处进行修订后，于 2008 年颁布了新一版的 ISO9001 标准，但总的来说与 2000 版本并没有大的变动，具体对比见表 10-5。

（6）对比 ISO9001-2015 与 ISO9001-2008 的目录可知，ISO9001-2015 引入了风险思维的理念，更加关注组织的运营风险与绩效，更加强调领导力在管理体系中的作用。在其他方面，ISO9001-2015 充分考虑了当今不断变化的经营环境，以协助组织应对客户日新月异的需求，提升企业竞争力，保持生存与发展。因此，质量管理体系也不再局限于传统制造业，越来越多的行业如服务、医疗、公共事业等也纷纷引入新版 ISO9001 标准，将质量管理融入到企业运营中。

表 10-5　HAF003 与 ISO9001：2008 对照表

HAF003	ISO9001：2008 对应章节	HAF003 的特殊要求
1. 引言		
1.1　概述	1.1　总则	1. 为了保证核安全，营运单位和各级承包商必须制定和有效实施质量保证总大纲和分大纲。 2. 提出了质量保证是有效管理的一个实质性方面，其途径为：对要完成的任务作透彻的分析，确定所要求的技能，选择和培训合适的人员，使用适当的设备和程序，创造良好的开展工作的环境，明确承担任务者的个人责任等。 3. 明确提出了“在完成的某一特定工作中，对要达到质量负主要责任的是该工作的承担者，而不是那些验证质量的人员”。 4. 质量保证大纲必须考虑技术性和管理性两者之间的充分结合
1.2　范围	1.2　应用	ISO9001：2000 标准规定的要求是通用的，适用于各行各业与产品质量有关的活动，而 HAF003 适用于对核电厂安全具有重要影响的物项和服务的各种质量活动，贯穿于核电厂的整个寿期

续表

HAF003	ISO9001：2008对应章节	HAF003的特殊要求
1.3 责任		属HAF003特有章节，强调了“保证公众健康和安全”的社会责任；营运单位的质量保证大纲必须报国家核安全局审核等内容
2. 质量保证大纲		
2.1 概述	4.1 总要求 4.2.2 质量手册 6.3 基础设施 6.4 工作环境 5.4.2 质量管理体系策划	提出了制定质量保证大纲的八个“必须”，即“必须确定负责质保活动的组织机构、必须考虑技术方面、必须规定控制及验证方法和水平（安全分级的管理办法）、必须规定合适的控制条件（环境条件、设备）、必须对从事影响质量活动的人员的培训、必须制定程序、细则和图纸，并遵照执行、必须定期评价和修订、必须进行管理部门审查”，同时必须规定文件的语种（适宜于使用者），并采取措施控制翻译文本的质量
2.2 程序、细则和图纸	4.2.1 总则c）&d）“6个必须形成程序文件的要求”	强调“所有影响核电厂质量的活动必须按适用于该活动的书面程序、细则或图纸来完成”，较之ISO9001：2008标准的要求更为严格，文件的需求量也比ISO9001：2008标准的多得多
2.3 管理部门审查	5.6 管理评审	基本一致
3 组织		
3.1 责任、权限和联络	5.5 职责、权限与沟通	1. 提出了“必须建立一个明文规定的组织机构”，做到“事事有人负责”。 2. 明确提出“质量验证活动只能由不对该工作直接负责的人员进行”。 3. 必须书面规定质保人员和部门的权限及职能，负责质量保证职能的人员和部门有直接向级别足够高的管理部门汇报的权力，以保证上述所必需的权力和组织独立性，包括不受经费和进度约束的权力
3.2 单位间的工作接口	5.5.3 内部沟通 7.2.3 顾客沟通 7.4.2 采购信息	强调了“主要信息的交流必须通过相应的文件，并必须规定文件的类型和控制其分发。”
3.3 人员配备与培训	6.1 资源提供 6.2 人力资源	明确提出了：必须对所有从事影响质量的活动的人员进行资格评定；必须制定培训大纲和程序，以确保这些人员达到和保持足够的业务熟练程度
4. 文件控制		

续表

HAF003	ISO9001：2008 对应章节	HAF003 的特殊要求
4.1 文件的编制、审核和批准	4.2.3 文件控制	明确提出了：文件必须经过“编制、审核和批准三个环节”；“负责文件审核和批准的单位和人员有权查阅作为审核和批准依据的有关背景材料”，较之 ISO9001：2008 更清晰和严格
4.2 文件的发布和分发	4.2.3 文件控制	明确提出了文件必须按最新的分发清单建立文件发布和分发系统
4.3 文件变更的控制	4.2.3 文件控制	1. 变更文件必须按明文规定的程序进行审核和批准（即必须建立“文件变更控制程序”）。 2. 变更的文件必须由审核和批准原文件的同一单位进行审核和批准，或者由其专门指定的其他单位审核和批准
5. 设计控制	7.3 设计和开发	
5.1 概述	7.3.1-7.3.4 设计和开发策划、输入、输出、评审	1. 强调必须制定“设计控制程序”。 2. 提出了设计控制程序的应用范围。 3. 强调了所有设计活动必须形成文件。 4. 明确提出了“对构筑物、系统或部件的功能起重要作用的任何材料、零件、设备和工艺进行选择，并审查其适用性”，较之 ISO9001：2008 提出的设计评审范围更清楚
5.2 设计接口的控制	7.3.1 设计和开发策划	强调必须制定“设计接口控制程序”
5.3 设计验证	7.3.5-7.3.6 设计和开发验证、确认	1. 明确提出“设计验证必须由未参加原设计的人员或小组进行”。 2. 明确规定了“设计验证的方法”。 3. 强调了“鉴定试验的条件—最苛刻设计工况下进行”
5.4 设计变更	7.3.7 设计和开发更改的控制	1. 强调必须制定“设计更改控制程序”。 2. 设计变更必须采用与原设计相同的设计控制措施
6. 采购控制	7.4 采购	
6.1 概述	7.4.1 采购过程 7.4.2 采购信息	明确提出了采购要求的10个方面—供方承担的工作范围/技术要求/试验、检查、验收要求/源地监查、检查的进入权/质保要求/提交买方审核认可的文件要求/质量记录的有关规定/不符合项处理的要求/质保要求向下一层供方延伸的要求/提交文件期限的规定，较之 ISO9001：2008 更清楚、更全面
6.2 对供方的评价和选择	7.4.1 采购过程	明确提出了对供方的评价方法

续表

HAF003	ISO9001：2008对应章节	HAF003的特殊要求
6.3　对所购物项和服务的控制	7.4.3　采购产品的验证 8.2.3　过程的监视和测量	1. 提出了对所购物项和服务的控制方法：符合性证明材料、源地检查和监查、交货检验等措施，对供方的源地监查和制造过程监督是核电设备制造与常规产品制造相比十分明显的特点。 2. 提出了物项和服务质量证明文件提交的时效性：证明所购物项和服务符合采购文件要求的文字证据必须在使用前送到核电厂现场
7. 物项控制		
7.1　材料、零件和部件的标识	7.5.3　标识和可追溯性	提出了标识的方法（实体标识、实体分隔、程序控制、其他适用的方法）和具体要求（必须清楚、不能影响物项的功能、不能被表面处理或涂层遮盖、标识移植要求），较之ISO9001：2008标准的规定更具体，更具有可操作性
7.2　装卸、贮存和运输	7.5.5　产品防护	强调了必须制定文件对装卸、贮存和运输进行控制，以防损伤、变质和丢失
7.3　维护	7.5.5　产品防护	强调了“安全重要物项的维护要求—保证其质量相当于该物项原来所规定的质量”
8. 工艺过程控制	7.5.1　生产和服务提供的控制 7.5.2　生产和服务提供过程的确认 8.2.3　过程的监视和测量	1. 明确提出了对特种工艺（指当所达到的质量取决于所使用的工艺过程，且不能通过对成品的检查来验证的工艺过程）的控制要求：人（人员合格）、机（设备合适，状态良好）、料（规定的材料，并检验合格）、法（经过批准的程序和细则，或有效的工艺评定）、环（良好的作业环境）。 2. HAF003的导则HAD003/08《核电物项制造中的质量保证》明确提出了使用质量计划的要求：包括所有工艺和过程的排序以及流程图等，由顾客、国家核安全管理部门确定的R、W、H点等，这也是核电设备制造与常规产品制造相比的特殊点之一
9. 检查和试验控制		
9.1　检查大纲	8.2.4　产品的监视和测量	1. 必须制定并实施检查大纲。 2. 对于不能直接检查的物项或需进行附加的工艺监视的工艺过程，必须规定间接控制措施。 3. 对于停工待检点（H）的相关要求：未经指定的单位批准，不得进行停工待检点以后的工作，若需进行，必须得到指定的单位书面批准。 4. 提出了“在役检查”的有关规定

续表

HAF003	ISO9001：2008 对应章节	HAF003 的特殊要求
9.2 试验大纲	8.2.4 产品的监视和测量	1. 必须制定并实施试验大纲。 2. 强调了必须按书面程序进行试验。 3. 规定了试验人员的资格要求：受过适当训练的人员
9.3 测量和试验设备的标定	7.6 监视和测量装置的控制	基本一致
9.4 检查、试验和运行状态的显示	7.5.3 标识和可追溯性	1. 强调必须在物项整个制造、安装和运行中按需要保持检查和试验状态的标识，以保证只能使用、安装或运行已通过了所要求的检查和试验的物项”。 2. 提出了核电厂系统和部件的运行状态标识要求
10. 对不符合项的控制	8.3 不合格品控制	1. 提出了对不符合项的标识、隔离要求。 2. 提出了不符合项向指定机构报告的规定，如：重大不符合项需向国家核安全监管部门报告
11. 纠正措施	8.4 数据分析 8.5.2 纠正措施	严重有损于质量的情况所采取的纠正措施需向各级管理部门报告
12. 记录	4.2.4 记录控制	明确提出了记录的保存期限要求，特别是 HAD003/04《核电厂质量保证记录》将核电厂的记录进行了分类和定义：永久性记录（全寿期保存）和非永久性记录（不需要全寿期保存），并对核电厂质量保证记录制度做出了相应的规定，较之 ISO9001：2008 标准的规定更具体，更具有可操作性
13. 监查	8.2.2 内部审核 8.2.3 过程的监视和测量	1. 监查分为“内部和外部监查”。 2. 监查必须根据书面程序和监查项目表（提问单）进行。 3. 监查员的资格必须经过评定。 4. 对监查计划做出了相应的规定

注：

① 由于 HAF003 主要以核电厂的营运单位为主体进行描述，所以 ISO9001：2008 标准中“与顾客”有关的内容（如：5.2 以顾客为关注焦点、7.2 与顾客有关的过程、7.5.4 顾客财产、8.2.1 顾客满意等）就没有涉及。

② HAF003 的附录给出了相关术语和定义，其带有 10 个导则，故没有 ISO9001：2008 的第 2 章：引用标准、第 3 章：术语和定义

10.5　ISO9001与HAF003的体系融合

10.5.1　GS-R-3、GSR PART2与ISO9001-2000

既然ISO9001质量管理体系和HAF003质量保证大纲的出发点都是关注质量，那么是否可以建立一套融合式体系，既能满足核安全法规的安全要求，符合核行业“保证公众健康和安全”的核安全社会责任，又能满足ISO9001国际通用认证标准，满足顾客期望这一“普适性”要求呢？又或者能不能实现将HAF003质量保证大纲与环境、职业健康与安全等标准大一统呢？

在国际上，IAEA与ISO其实都已经进行过一体化融合的实践。比如早在2006年，IAEA发布的《设施和活动的管理体系》（GS-R-3）和在2016年发布的GSR PART2《安全的领导和管理》中已经不仅再单独强调质量，而取代以“管理体系”“综合管理”等概念。其在50-C-QA的基础上，融合了“安全、健康、环境、安保、质量和经济”六个领域的内容，关注的范围更大，考虑的内容也更丰富。ISO于2000年发布了ISO9001-2000，代替了ISO9001-1987，其在正文中已不出现“质量保证”一词（但定义中仍有），并称也适用于核电。二者虽然都从各自的角度上进行融合尝试，但在实际应用中效果并不理想，比如GS-R-3虽然包括诸多体系的综合性指标，但无法达到兼顾的要求，重要的控制措施比如设计控制、工艺控制、不符合项控制等均未涉及，在发布之后很少得到成员国的积极响应，我国核安全监管部门也尚未正式采用。究其原因，是其“大一统”的思想容易顾此失彼，很难操作。再比如ISO在ISO9001-2000声称能适用核电行业，IAEA和美国核管会（NRC）对此高度重视，均作出了严肃的反应，并以专题报告的形式分别将50-C/SG-Q和10CFR50附录B与

ISO9001-2000 进行分析比较，两者的结论都很明显：仅执行 ISO9001 不能满足核质保要求，需要补充若干要求。总体来说，IAEA 和 ISO 对核电质量管理体系融合的探索收效甚微。

10.5.2 ISO19443-2018

在收到了 IAEA 和 NRC 的严肃反馈后，为了继续推进 ISO9001-2015 在核行业的适用性，ISO 于 2018 年再次发布了 ISO19443-2018 标准《质量管理体系-核能部门供应链中供应对核安全至关重要的产品和服务（ITNS）的组织应用 ISO 9001：2015 的具体要求》，建立面向核能供应商的评价过程。目前，ISO19443-2018 标准在国际推广上已取得了一定进展，如在 2022 年 7 月 6 日，TUV 南德意志集团向韩国重工业集团 Doosan Enerbility 颁发了首张北亚区域内 ISO19443 核能质量管理体系证书。(注：TUV 南德于 2022 年 5 月获得了法国 COFRAC 的 ISO19443 授权，是世界上首批获得 ISO19443 认证授权的第三方认证机构之一，可为全球核领域的用户提供 ISO19443 认证服务)

在架构方面，ISO 这次选择将 ISO 标准作为核行业的补充性支持文件，因此从总体上来说，ISO19443-2018 可分为 ISO9001 通用要求和核安全特殊要求，相比于 ISO9001-2015 和 HAF003，ISO19443-2018 在核安全文化、商品级物项活动、CFS 物项等方面提出了更加明确的要求（见表 10-6）。

表 10-6　ISO19443-2018 在 ISO9001-2015 基础上补充的主要涉核内容

ISO 9001-2015	ISO 19443-2018
0. 引言	
1. 范围	明确了适用于提供核安全重要产品和服务的组织，许可核设施相关组织应用本标准应征得许可证管理机构的同意。此外，也特别强调本标准中规定的要求是顾客和法律法规的补充要求，不能替代法律法规的要求

续表

ISO 9001-2015	ISO 19443-2018
2. 规范性引用文件	
3. 术语和定义	补充了活动、商品级物项及活动、假冒伪劣物项、欺诈性物项、可疑物项、分级方法、核安全重要、物项、持证者、核安全等核工业特色术语和定义，这些特色术语和定义多数来源于IAEA文件
4. 组织的背景环境	
4.1 理解组织及其背景环境	
4.2 理解相关方的需求和期望	
4.3 确定质量管理体系的范围	
4.4 质量管理体系	
5. 领导作用	领导作用中增加了对核安全文化、方针和职责的要求。 （1）核安全文化：增加了最高管理者和管理层对核安全的领导和承诺，确保所有人员对核安全的认识，并鼓励质疑的态度；在质量、成本和进度方面采取协调、严格和谨慎的决策方法，确保核安全不受影响；沟通透明化；适当的文件化信息；人力、技术和组织问题报告机制；经验反馈；不安全行动、行为和条件的挑战等； （2）方针中应增加对核安全的考虑以及确定核安全不受其他事项优先影响的承诺； （3）组织的岗位、职责和权限中规定最高管理者应任命一名管理者，具有管理核安全和质量问题的独立性和权利，以及直接向最高管理者汇报的权利
5.1 领导作用与承诺	
5.2 质量方针	
5.3 组织的作用、职责和权限	
6. 策划	增加了核安全重要产品和服务的确定、应用质量管理要求的分级方法等要求。 （1）组织应将核安全重要产品和服务分解为物项和活动，并确定物项和活动； （2）应用质量管理要求的分级方法，组织应考虑以下因素对质量管理、文件化、监视和测量的要求
6.1 风险和机遇的应对措施	
6.2 质量目标及其措施的策划	
6.3 变更的控制	

续表

ISO 9001-2015	ISO 19443-2018
7. 支持	补充了测量范围和测量精度、成文信息、人员能力、人员意识、外部沟通、翻译、审查和批准、文件变更等方面的要求
8. 市场需求的确定和顾客沟通	增加了计划和接口的管理、参与评审部门、评审结果的处理、产品和服务要求的变更管理、设计工具使用、商品级物项管理、成文信息等方面都额外提出了要求，此外防造假、外部供方管理、生产和服务提供 3 个部分与 ISO9001-2015 相比变化较大
8.1　运行策划和控制	
8.2　市场需求的确定和顾客沟通	
8.3　运行策划过程	
8.4　外部供应的产品和服务的控制	
8.5　产品和服务的开发	
8.6　产品生产和服务提供	
8.7　产品和服务的放行	
8.8　不合格产品和服务	
9. 绩效评价	
9.1　监视、测量、分析和评价	
9.2　内部审核	
9.3　管理评审	
10. 持续改进	主要增加了经验反馈、风险管理、技术改进、良好实践、供应链提升、不符合项管理、核安全文化等方面的要求
10.1　不符合与纠正措施	
10.2　改进	

值得注意的是，ISO19443-2018 目前还没有像 HAF003 一样制定相应的支持性导则，这就给质量要素的具体实施带来困难，很多企业只能依赖于自身实践与经验。同时，相比 HAF003，ISO19443-2018 缺乏质保部门的权力和组织独立性、外部监查等方面的要求，

需要相关组织在实施时注意兼顾不同政策的要求，参与国际竞争的国内企业可以对ISO19443-2018标准充分学习和实践。

10.6　本章小结

本章首先介绍了ISO9001的诞生与核质保法规之间的关系，概括了不同版本ISO9001和HAF003的发展过程。以ISO9001-2008为样本，对比分析了ISO9001与HAF003的各自特点和差异，然后对目前ISO和IAEA的双体系融合实践进行解读和讨论，总结了GS-R-3、GSR PART2的发展趋势和ISO19443-2018在核电行业应用的优缺点，最终目的是期望对民用核安全设备活动单位在核质保体系建设方面提供帮助。

第十一章 民用核安全设备活动单位实施质量保证的建议

《核电厂质量保证安全规定》（HAF003）是民用核安全设备质量保证的强制要求，与 HAF003 配套的一系列导则文件是指导性文件，HAF003 自 1991 实施至今，带动了民用核安全设备活动单位质量管理理念的发展和实践。目前我国核电机组类型较多，核电项目的建设也处于快速发展阶段。民用核安全设备活动单位作为核电厂供应链的一环，其质量保证大纲的建立、运行、提升和改进随着我国核电发展逐步深入和细化，如何有效推动民用核安全设备活动单位质量保证体系的实施，是值得我们深入探讨的问题。

11.1 民用核安全设备活动单位实施质量保证的现状

民用核安全设备活动单位建立核质量保证体系是满足国家法律法规要求、国家核安全监管要求和营运单位（或工程公司、采购方）管理要求，是确保设备质量的有力保障。

核电厂建设需要大量的设备供应商，所有与核安全有关的设备都在国家核安全监管范围内，但是只有供应《民用核安全设备目录》中相应设备的供应商需要持有国家核安全监管部门颁发的资质许可。现行《民用核安全设备目录（2016年修订）》包含核安全机械设备（共19类设备类别）、核安全（1E级）电气设备（共9类设备类别）。

核电项目对核电设备设置了质量保证分级策略，不同质量保证分级的设备需遵守不同的质量保证要求，分级原则主要考虑：物项或服务在安全和运行上的重要性、所涉及领域的成熟性和复杂性。因此，所有与核安全有关的设备供应商都需要建立以HAF003为依据的核质量保证体系，在项目执行过程中全部或部分执行HAF003相关要求。

截至2022年12月持有国家核安全监管部门颁发的民用核安全设备设计、制造、安装和无损检验许可证的单位有220余家。所有持有民用核安全设备许可证的单位都建立了核质量保证体系，在核电活动过程中予以实施，并不断提升和改进。

截至2022年12月持有国家核安全局境外单位注册登记确认书的单位180余家。在注册登记申请过程中，境外单位应提供现行有效的质量保证体系；为中国核电项目供货时，应提供可以满足HAF003要求的项目质量保证大纲，并按照项目要求运行项目质量保证大纲。

11.2　核质量保证体系实施存在的问题

民用核安全设备活动单位在质量保证体系运行过程中，可能会遇到各种各样的问题，如：不同核电项目质量保证要求不完全统一，多体系同时运行质保要求不一致等，导致核质量保证体系运行过程中势必会暴露出一些问题。

（1）体系建立贯彻落实的问题。

核质量保证体系有三性：符合性、系统性、有效性。

核质量保证体系符合性首先应满足国家法律法规和核安全监管要求。通过多年的审评发现，部分民用核安全设备活动单位对HAF003很熟悉，但是对HAF003导则的要求并不清楚。民用核安全设备活动单位质量保证大纲按照HAF003详细列出了13个要素的质量保证纲领性要求，然而大纲程序却没有很好地贯彻落实HAF003导则的要求。我国核电质量保证要求在HAF003一系列导则中做了细化，申请单位编制大纲程序时，若不采用导则中的要求，需要说明实际控制要求不低于导则，因此，民用核安全设备活动单位应对导则有明确的认识和深入的理解。

新版《民用核安全设备无损检验人员资格管理规定》（生态环境部令第6号，HAF602）和《民用核安全设备焊接人员资格管理规定》（生态环境部令第5号，HAF603）于2020年1月1日开始实施，至今已三年。国家核安全监管部门开展了多次HAF602和HAF603的培训宣贯活动，但是在民用核安全设备审评过程中，仍然有部门民用核安全设备活动单位的体系建设不完全符合这些部门规章的要求。

核质量保证体系符合性还应该考虑业主、营运单位或者采购方的项目要求。

我国核质量保证颇有百花争鸣之势，国家层面的核质量保证要求仅仅是基本纲领，各业主、营运单位结合机组特点制定不同的质量保证要求。民用核安全设备活动单位在不同项目执行过程中，以单位自身总大纲为基础，将项目要求融入到总大纲中形成项目质保大纲。不同项目均需要建立各自的项目质量保证大纲，对于民用核安全设备活动单位来说，满足大纲符合性的同时，必须投入一定程度的人力、物力和财力来支撑项目运转，同时，应对项目执行人员开展培训，明确各项目不同的质保要求，确保设备质量满足要求。

核质量保证体系系统性是指大纲概述、大纲程序、第三层次文件甚至第四层次文件的相互关联和作用。核质量保证体系的建立基于民用核安全设备活动单位对于设备活动的系统梳理，各个层次的大纲文件都不是各自为战，而是有一定的层次性、逻辑性和可操作性。系统性不强容易造成大纲要素不完整，文件可操作性受限。有些民用核安全设备活动单位的员工只了解本职岗位的管理或技术文件，对单位整体大纲的系统性缺乏认识，容易造成工作过程中思想高度不够，对核安全的认识不充分。

核质量保证体系有效性是指大纲各要素的有效性、体系功能发挥的有效性、质量控制的有效性和产品质量稳定性的有效性。核质量保证体系的建立，只是民用核安全设备活动的基础，更重要的是项目执行过程中体系的运行和维护。体系有效性在大纲运行过程中体现得尤为明显。民用核安全设备活动单位在设备设计制造安装和无损检验过程中发生的不符合项、接受外部监督检查的意见单、设备验收情况和单位盈利情况都是体系有效性的重要体现。

（2）多体系融合问题。

我国现有民用核安全设备活动单位中，大部分单位除了从事核电项目活动，还从事其他行业的设备活动，因此申请单位除了运行核质量保证体系，还有可能同时在运行 9000 质量保证要求、船级社质量保证要求、ASME 质量保证要求等。多体系同时运行，各体系都有自己的特点，对民用核安全设备持证单位面临更高的要求，对民用核安全设备从业人员也提出了更高的要求。

在民用核安全设备审评过程中，发现大部分单位都是单独建立各自的体系文件，各自为战。有些单位进行了体系融合，所谓的融合只停留在内容的汇总和整理上，并未进行体系间的差异性分析，也未开展体系要素和内容的深入融合；还有些单位的体系融合是建立各自体系的纲领性文件和程序，但是各体系记录用样表格式一致，保证一线操作员工用文件格式的统一。

体系融合的难度是多方面的，如：（1）体系建立初衷不同，运行的理念和要求不同；（2）体系融合若以最严要求进行控制，势必带来企业成本的大幅提升，而企业是追求盈利的；（3）体系融合需要企业质量保证人员有很强的质保能力，对各体系的运行有充分认识，而民用核安全设备活动单位大都不具备这样跨体系的、高水平的质量管理人员。

（3）核质量保证体系评估与改进。

随着我国法律法规的逐步完善，核电质量保证理念的发展和应用，核质量保证体系应注重内外部的提升和改进。因此，核质量保证体系运行一段时间后，民用核安全设备活动单位应该对体系运行开展自评估和第三方独立评估活动。民用核安全设备活动单位质量保证体系自评估，是单位自身对于体系的评判。第三方独立评估活动通常包括独立第三方评估和委托第三方评估，作为一种必要而有效的外部制衡机制，弥补了传统的企业自我评估的缺陷，在促进体系建设方面发挥着不可替代的促进作用，但企业目前对此的认识并不深刻。

我国核电质保要求一直沿用 IAEA 50-C-QA（1988）的要求，并未随着 IAEA 文件的变化而更新，而我国核电发展至今，质量保证的发展逐渐有了自己的话语权。我国核电的发展已经走向了世界，民用核安全设备活动单位也迎来了新的发展机遇，核质量保证体系评估与改进是我们对体系质量的再一次升华，引领核电设备走向世界。

11.3 建 议

结合我国民用核安全设备活动单位在体系建设中的问题，提出如下建议：

（1）加强核质保法规建设。

在保持我国民用核安全设备活动核质保法规 HAF003 不变的基础上，结合我国核安全实践和强制性标准，进一步梳理质保类法规建设（如质量保证分级），建立国家层面的核安全法规，为民用核安全设备活动单位核质保大纲的有效建立打下坚实的基础。

（2）加强民用核安全设备活动单位质保能力建设。

HAF003 自 1991 年沿用至今，审评过程中发现，大部分民用核安全设备活动单位的质保能力仍停留在质量保证管理部门，应在提高质量保证管理部门人员能力的同时，加强非质量保证管理部门人员对于 HAF003 系统的认识和判断，推动民用核安全设备活动单位整体质保能力提升。

（3）推进独立第三方评估。

民用核安全设备活动单位应在推进企业自身质量保证体系评估的同时，推进第三方独立评估活动。民用核安全设备持证单位应在每一个持证周期（5 年内）至少开展一次第三方独立评估，并可将其作为核质保大纲运行有效性证明材料附在许可证延续申请的资料中提交国家核安全监管部门。

11.4　本章小结

本章梳理了我国现有民用核安全设备持证单位在核质量保证体系运行过程中遇到的问题，结合多年审评经验给出了建议。民用核安全设备活动单位核质量保证体系的有效运行，是确保设备质量的有效途径，是确保核安全的重要一环。体系的有效运行，是民用核安全设备活动单位的本职要求，是业主或营运单位采购核电设备的基本保障，是国家核安全监管部门监督管理的重要环节，是所有核电从业者的职业修养，是我国核安全事业的重要基石。

参考文献

［1］中华人民共和国核安全法［Z］. 中华人民共和国主席令第七十三号，2017.

［2］国务院 500 号令.《民用核安全设备监督管理条例》. 2007.

［3］国家核安全局. 民用核安全设备设计制造安装无损检验监督管理规定［Z］. HAF601，2007.

［4］生态环境部令第 6 号.《民用核安全设备无损检验人员资格管理规定》. 2019.

［5］生态环境部令第 5 号.《民用核安全设备焊接人员资格管理规定》. 2019.

［6］HAF003. 国家核安全局. 核电厂质量保证安全规定.1991

［7］HAF・J0012. 国家核安全局. 核电厂物项和服务相应质保大纲的选择. 1992.

［8］HAF・J0045. 国家核安全局. 质量保证分级手册. 1994.

［9］生态环境部令第 18 号. 国家核安全局.《核动力厂管理体系安全规定》. 2020.

［10］国家核安全局. 核电厂质量保证大纲的格式和内容（试行）［Z］. 核电函〔2020〕31 号，2020.

［11］IAEA. Quality Assurance for Safety in Nuclear Power Plants-A Code of Practice［R］. Safety Series No. 50-C-QA- 1978，1978.

［12］IAEA. Safety Series No. 50-C-QA-1988. Code on the Safety of

Nuclear Power Plants：Quality Assurance.

[13] IAEA. Safety Series No.50-C/SG-Q-1996. Quality Assurance for Safety in Nuclear Power Plants and other Nuclear Installations-Code and Safety Guides Q1-Q14.

[14] IAEA. Safety Standards Series No. GS-G-3-2006. The Management System for Facilities and Activities-Safety Qequirements.

[15] IAEA. Safety Standards Series No. GSR-PART2-2016. Leadership and Management for Safety.

[16] US NRC. U.S. Code of Federal Regulationgs，Title10, Part 50. Domestic licensing of production and utilization facilities.